人物形象设计专业
教学丛书

美甲设计与制作

MEIJIA SHEJI
YU ZHIZUO

李小凤　编著

U0194854

化学工业出版社

·北京·

内容简介

本书以项目与任务式展开讲述,设计了6个核心项目、14个子项目、62个教学任务,及22个数字化教学视频。教材涉及了"三个认知""三大必备技能",即职业认知、知识认知、设备认知、护理技能、设计技能、创作技能,这六个核心项目。项目从初级应知应会到高级能做能创,环环相扣、层层递进并着重突出手部修护实用技能与美甲款式设计创作两大核心技术。用简明扼要的文字表述、用高清图例视频展示,帮助读者读懂、看懂、学会、领会。

本书适合作为中高职院校美甲课程教材,或美甲师入职岗位培训教材,也可以将本书作为教师备课参考手册。

图书在版编目(CIP)数据

美甲设计与制作 / 李小凤编著. —北京:化学工业出版社,2022.7(2025.3重印)
(人物形象设计专业教学丛书)
ISBN 978-7-122-41174-7

Ⅰ.①美… Ⅱ.①李… Ⅲ.①美甲 Ⅳ.①TS974.15

中国版本图书馆CIP数据核字(2022)第059537号

责任编辑:李彦玲
文字编辑:李　曦
责任校对:宋　玮
装帧设计:王晓宇

出版发行:化学工业出版社
　　　　　(北京市东城区青年湖南街13号　邮政编码100011)
印　　装:北京瑞禾彩色印刷有限公司
787mm×1092mm　1/16　印张8　字数176千字
2025年3月北京第1版第2次印刷

购书咨询:010-64518888　　售后服务:010-64518899
网　　址:http://www.cip.com.cn
凡购买本书,如有缺损质量问题,本社销售中心负责调换。

定　　价:49.80元

当前美甲技术与产品发展迅速，服务标准日趋国际化，市场对人才的高要求、高需求日益突出，中高职院校美容美体、美发与形象设计、人物形象设计等专业肩负着未来美甲方向从业人才培育的重任。美甲职业能力培育要重视内核知识体系的积淀，技术应用的拓展以及审美能力的提升。

书中引入大量原创作品案例，解读技术操作流程，穿插数字化学习资源，贴合中高职院校学生直观简易、通俗易懂的可视化学习需求，是一本知识适用、技术通标、视野开阔、资讯前沿、技法新颖，且对标职业岗位与能力标准的项目化、专业化、数字化教材。

本书撰写过程中得到了顾炜恩老师的帮助和指导，对书稿进行了审阅，并提出了宝贵的意见；宁波美莲生活服务有限公司在技术、拍摄场地方面给予了支持，在此一并表示感谢。

由于编著者水平和时间所限，书中难免有疏漏之处，敬请读者批评指正。

李小凤

2022 年 2 月

目 录
CONTENTS

项目 5　美甲设计技能　　　063

项目 6　美甲创作类型　　　091

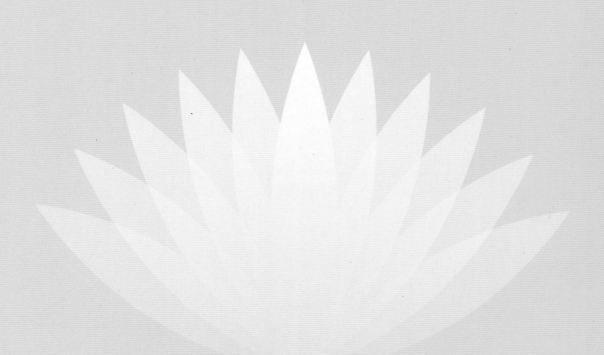

项目 1

职业认知

美甲是一项与美共存的技术，是运用技艺，融合美学，结合产品与材料，达到美化手足的一项技艺。美甲的业态发展正在朝品质化、特色化、专业化、国际化方向迈进。

关键词

美甲	业态	发展
岗位	入职	

分项目1　业态发展

美甲行业常以产品革新推动产业升级，随着服务消费增速和市场占比逐步提升，美甲业正在向高端化、规模化、国际化、品牌化方向发展升级。

任务1　熟知服务项目

美甲是根据客人的手形、甲形、肤色等要求对指甲进行养护、美化的服务过程。主要有皮肤养护和指甲美化两大类服务项目。

1. 保养护理项目

（1）指甲护理

指甲护理服务是对自然指甲的形状进行设计，对甲板表面、周围指皮、硬皮进行维护与处理，使指甲看起来美观漂亮的一种服务。

（2）手（足）皮肤护理

手（足）皮肤护理是指选用合适的专业手足护理产品，按照浸泡、磨砂、按摩、敷膜等流程对手（足）部皮肤进行护理的服务项目。

2. 指甲美化项目

（1）彩绘指甲

彩绘指甲常见的有丙烯颜料、水彩颜料和甲油胶彩绘三种类型，是指用手绘毛笔、排笔等绘画工具，在指甲表面进行图案绘制的美甲项目（图1-1）。

（2）镶嵌指甲

镶嵌指甲是指用人造珠宝、锆石、珍珠等饰品，借助胶水或光疗胶将其饰于甲面，以达到美化与装饰作用（图1-2）。

（3）贴片指甲

贴片指甲是指用胶水或甲片黏合剂将贴片黏贴在真甲上，从而延长甲板的长度。常见的有半贴片、全贴片、法式贴片三种类型（图1-3）。贴片常用的有透明色、自然色与彩色。其中半贴片通常与水晶、光疗胶结合使用。

（4）水晶指甲

水晶指甲是一种依托于水晶甲粉、水晶液溶剂，通过两者间引发聚合与固化反应，

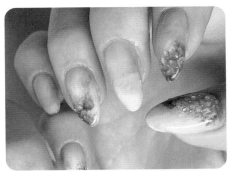

图1-1　彩绘指甲　　　　　　　　　　　　图1-2　镶嵌指甲

在凝固前进行塑形制作的指甲（图1-4）。水晶液溶剂分慢干、中干、快干三个类型，水晶甲粉有彩色、透明色、白色等。通常可以用水晶甲材料来做自然甲加固、甲体延长与残甲修补。

图1-3　贴片指甲　　　　　　　　　　　　图1-4　水晶指甲

（5）光疗指甲

光疗指甲是指光疗胶中的光敏引发剂，通过 LED 或 UV 灯照射，激活两者间的活性，形成快速固化（图 1-5、图 1-6）。光疗甲持久性好、可塑性强，是一种极为普遍的美甲类型。

图1-5　光疗指甲1　　　　　　　　　　　图1-6　光疗指甲2

任务2　了解职业前景

　　中国美甲行业正处于快速发展阶段，国内的美甲行业主要有美甲服务、美甲产品、美甲培训三大业态。美甲服务由于创业投资少、回报率高，单家店铺的美甲沙龙占据市场主导，连锁经营品牌店不断崛起，规模日益增长，这类店铺主要面向大批中高端消费群体。

1. 主营特点

　　美甲的主营方向正在升级转向综合服务的美业服务站，主营项目包括手足护理、美睫、皮肤管理等增值业务，要重视消费者层次化、便捷式、个性化、前沿性等消费体验需求。

2. 服务趋势

　　线上服务消费及产品交易份额需求扩大，产品的国际化流通渠道趋于畅通，国际品牌美甲产品不断涌入，消费水平呈现两极化趋势，中高端消费服务店多引入国际品牌，具有独立的服务项目研创团队和经验管理模式。

3. 人才现状

　　高端人才紧缺，从业者虽然能够通过在线学习这一新途径，开阔视野，紧跟市场动态，但因缺乏系统培养，专业知识体系不完备、技术创新能力薄弱。未来市场必须进一步规范从业者的资质，提升岗位服务的国际化标准。

分项目2 入职须知

任务1 了解岗位特点

美甲师是结合顾客的形象气质、手指特征、手部肤质以及服装色彩等要求，从事手足养护与修饰设计的一种职业。美甲师的职业素养包含专业知识、美学修养、技能水平、沟通服务、营销管理等方面的知识与技能。

美甲师在岗位服务过程中要以技术为支撑力，以饱满的热情服务顾客，铺垫良好的信任关系，从而构建优质稳定的消费客源。为顾客提供安全卫生的环境，使其感受服务中的独特与舒适。

任务2 塑造职业形象

1. 形象管理

❖ 穿工作服、戴员工牌。
❖ 手部忌戴饰品。
❖ 衣着整洁。
❖ 指甲干净、有设计。
❖ 束发淡妆修饰。

图1-7 卫生管理

2. 卫生管理（图1-7）

❖ 地面、桌面干净。
❖ 物品陈列整齐。
❖ 工具严格消毒。
❖ 毛巾工具一客一消毒或更换。

3. 顾客接待（图1-8）

❖ 迎门接待有礼。
❖ 主动点头问好。

图1-8 顾客接待

❖ 微笑亲和沟通。

4. 技术管理

❖ 标准流程规范统一。

❖ 操作技术娴熟流畅。

❖ 设计项目因地制宜。

❖ 设计理念紧跟潮流。

 任务3　服务流程

❖ 迎门接待，排美甲师。

❖ 引位入座，了解需求。

❖ 介绍项目，服务项目。

❖ 结束项目，前台收费。

❖ 热情送客，整理消毒。

项目 2

知识认知

通过对手足与指甲结构知识的介绍，了解手足骨骼结构、肌肉解剖结构及血管、神经系统的分布与其形态结构和相互间的位置关系。

关键词

手足解剖

失调指甲

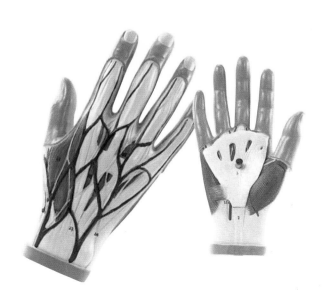

分项目1 手足解剖

任务1 手部解剖

1. 手部的骨骼

手是人体上最有特色的器官之一。手臂分为上臂和前臂。上臂由一块肱骨组成，而前臂由桡骨和尺骨组成。当桡骨绕着尺骨旋转时能使前臂产生转动，桡尺骨关节间会产生向外或向内的旋转。

手部骨骼由腕骨、掌骨、指骨三个部分组成。腕骨由舟骨、月骨、三角骨、豌豆骨以及远侧排的大多角骨、小多角骨、头状骨和钩骨组成。掌骨由五块骨组成，每根掌骨都有底、体、头三个部分。拇指掌骨最短，小指掌骨最细。指骨是组成手指的骨骼，分别由近节指骨、中节指骨、远节指骨组成。其中拇指只有近节指骨和远节指骨（图2-1）。

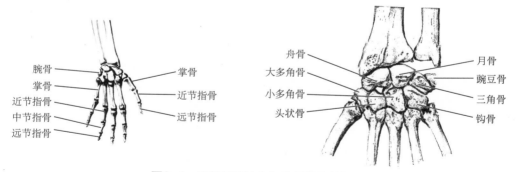

图2-1　手部骨骼结构与腕骨骨骼结构图

2. 手部的肌肉

手部肌肉按部位分可以分为内侧、中间和外侧三个肌群。内侧肌群主要由小指展肌、小指短屈肌、小指对掌肌这三块肌肉组成。中间肌群包括蚓状肌、骨间掌侧肌、骨间背侧肌。外侧的肌群主要包括拇短展肌、拇短屈肌等（图2-2）。以上肌肉群主要保证了不同手指的外展、收拢等动作。

3. 手部的血管

手掌部位的动脉由掌浅层动脉、掌深层动脉和手背动脉组成了三个主要血管层次，

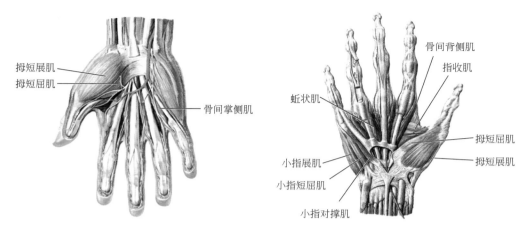

图2-2　手部肌肉解剖图

手掌部位由动脉血液灌流，浅层以尺动脉为主，深层以桡动脉为主，边缘吻合的血液由掌侧流向背侧，中央的吻合血流主要来自掌深弓及其分支。

　　手的静脉分布于手掌、手背以及手指部位。以手部静脉形态来看，深层静脉细小，浅层静脉粗大，掌侧细小，掌背较粗。手的浅静脉在背侧，较深远的静脉最后回流至头静脉和贵要静脉（图 2-3）。

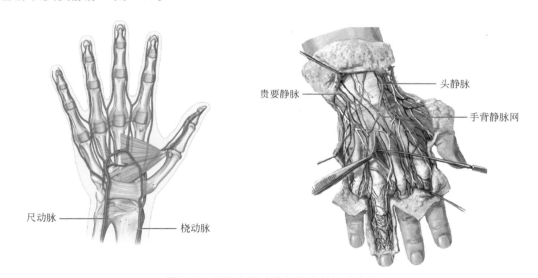

图2-3　手部主要动脉与静脉结构分布图

 任务2 足部解剖

1. 脚的骨骼

　　脚的骨骼主要由跗骨、跖骨和趾骨三个部分组成。跗骨由距骨、跟骨、足舟骨、骰骨以及内侧楔骨、中间楔骨与外侧楔骨组成。跖骨是构成脚底的一种长骨，从内到外依次有五根。趾骨一共由十四块小骨组成，除第 1 趾骨为两节外，其余各趾分为近节趾骨、中节趾骨和远节趾骨（图 2-4）。

2. 脚的肌肉

脚的肌肉主要由足底肌和足背肌组成，脚底的肌肉比较发达。足背部的肌肉中主要由趾短伸肌、踇短伸肌组成并参与脚趾的伸展以及运动。

足底肌肉分为内侧肌群、中间肌群和外侧肌群。内侧肌群有踇展肌、踇短屈肌、踇收肌；中间肌群包括趾短屈肌、足底方肌、足蚓状肌、骨间足底肌、骨间背侧肌；外侧肌群包括小趾展肌、小趾短屈肌。踇趾运动主要受内侧群肌肉的支配，小趾的运动受外侧群肌肉的支配，中间肌群参与中间三个脚趾的运动（图 2-5、图 2-6）。

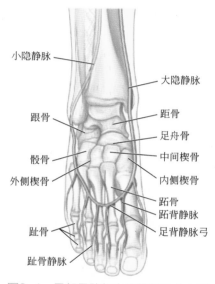

图2-4　足部骨骼与主要静脉的分布图

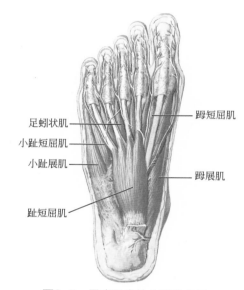

图2-5　足底肌肉的主要分布图

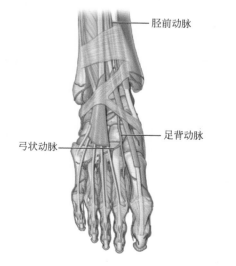

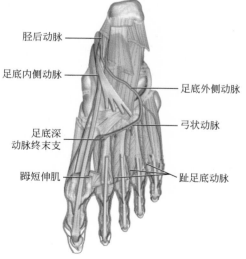

图2-6　足部部分肌肉和主要动脉的分布图

3. 脚的血管

脚的动脉血管有足背动脉和足底动脉两个部位。脚部的足背动脉相对表浅，走向两个终支，分别为足底深支和弓状动脉。足底动脉来自胫后动脉，分为足底内侧动脉和足底外侧动脉。足底内侧动脉较细，分布于大踇趾内侧缘。足底外侧动脉较粗，分布于 2～5 趾间。

脚部的静脉分浅静脉和深静脉，浅静脉在皮下组织中构成形式不定的静脉网，深静脉与相应的同名动脉伴行。足背的静脉主要有大隐静脉、足背静脉弓、趾背静脉、跖背静脉和小隐静脉等组成。在足背的众多静脉中，大隐静脉是足背皮肤和足趾静脉回流的主干。

任务3　指甲解剖

1. 指甲定义

指甲是指（趾）端表皮角质化产物，是皮肤的附属器之一，有增强手指触觉敏感性的作用。

2. 指甲的生长

手指甲每月生长约 0.3cm，平均 5～6 个月更新一次。脚指甲生长略慢点，平均 12～18 个月更新一次。指甲通常因季节或循环代谢功能的差异而产生不同的生长速度。

3. 健康指甲的特征

健康的指甲是光滑、亮泽、呈粉红色，表面无斑点、凹凸及楞纹，厚度适中，坚实而有弹性的。

4. 指甲的结构

自然指甲由甲基、甲根、指皮、甲上皮、甲半月、甲板、甲床、指芯、甲沟、甲襞几个主要部分组成（图 2-7）。

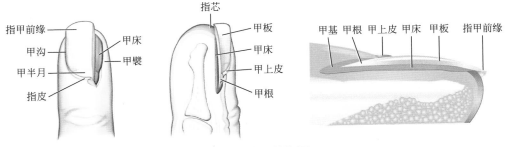

图2-7　指甲结构图

（1）甲基

甲基是甲板细胞形成的区域，由产生甲板其他细胞的甲基质细胞构成，位于指甲的根部，富含神经和为甲基质细胞提供养分的血管，能够促进指甲角质细胞的生长，甲基一旦受到伤害，将影响指甲的正常生长。

（2）甲根

甲根是促使指甲生长的部位，藏在皮肤下，比较薄而且柔软。

（3）指皮

附于甲板上的无色角质层，位于甲板与皮肤的交界处。作用是密封自然甲板与活体皮肤之间的空隙，以防止细菌感染。

（4）甲上皮

位于指甲根部的一条细窄的活体皮肤，部分覆盖在甲半月上。

（5）甲半月

也称为甲弧，是在甲板的根部没有完全角蛋白化的部位，呈乳白色的半月形状。

（6）甲板

也叫甲体，是硬化的角蛋白板，无神经与血管。

（7）指甲前缘

位于指甲的最前端，甲板延伸出指（趾）端并脱离甲床的部分。

（8）游离缘

游离缘是指甲板脱离甲床处的分界线。

（9）甲床

位于甲体的下方，它支撑甲体向指甲前缘生长。甲床部位分布着神经和血管，保障甲体的代谢与水分供给。

（10）指芯

也称为甲下皮，是指甲前缘下方的薄层皮肤，它能够阻止细菌感染，起着保护指甲的作用。当指芯受到损伤，有可能会使甲体从甲床分离，也有可能会使甲体遭受细菌感染。

（11）甲沟

甲沟是指位于甲体左右两侧细窄的凹槽。

（12）甲襞

甲襞是指位于甲沟上端的两侧皮肤。

分项目2　失调与病变指甲

任务1　认识常见失调甲

指甲会因损伤或身体疾病等因素，出现失调与病变的现象。其颜色、光泽、厚薄、硬度等会有别于正常指甲。一般失调指甲不具传染性，可提供美甲服务。

1. 脆裂指甲

脆裂指甲是指甲板变脆，失去光泽，表现为呈纵向裂纹或从游离缘处横向裂开（图2-8）。其形成可分为外源性和内源性两种。外源性常因甲板损伤、指甲水分缺失、过分干燥或过度打磨等因素引起。内源性一般因缺铁性贫血、远端关节疏松症、维生素A和B6缺乏、骨质疏松症引起。保养中使用功能性的指甲油可改善或预防指甲脆裂。

2. 软薄指甲

软薄指甲也称为软甲或蛋壳甲（图2-9）。甲板薄而缺少韧性，甲床色淡，游离缘处易弯曲或折断。造成软甲的原因有多种，有的是甲基缺陷造成，有的是长期接触化学品或肥皂水，有的因慢性胃肠道病、钙和B族维生素缺乏而引起。可以通过人造指甲加固甲板。

3. 勺状指甲

勺状指甲又称为"凹甲""勺状甲"，表现为甲板变薄、变软，四周上翘，中间呈凹陷状改变（图2-10）。除了遗传因素外，勺状甲还可能是糖尿病、甲状腺功能低下

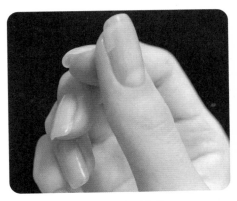

图2-8　脆裂指甲

图2-9　软薄指甲

的提示。美化修饰中需要根据甲板厚薄的程度，选择填补材料以改善甲板不平整现象。

4. 凹变指甲

凹变指甲是指甲板表面有凹陷的纵横纹，或呈块、点状凹陷特征（图2-11）。因甲基受损的程度不同，凹变指甲呈现凹陷深度与宽度各不相同，纵向凹陷长度与甲基受损的时间有关。指甲严重出现凹变要就医问诊，浅层的点状凹陷可做修饰服务。

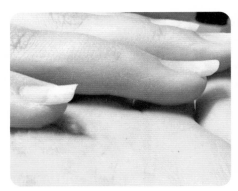
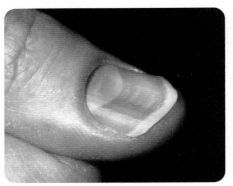

图2-10 勺状指甲   图2-11 凹变指甲

5. 竖纹指甲

指甲出现竖纹，摸上去比较粗糙，对称甲纵瘠（图2-12）。这种情况多是由于不均匀生长而引起，通常是衰老造成的，常见于老年顾客。当精神负担过重或过度劳累，或身体功能下降，指甲上也会出现竖纹。此外，该现象也会因缺乏维生素、钙元素以及消化功能异常而产生。

竖纹指甲最好不要打磨，以免使甲板受伤，可使用一些填补剂，为甲板提供一个平整的外观。

6. 白点状指甲

指甲白点常因甲外伤、甲营养不良等引起（图2-13）。甲外伤是指甲白点最常见的原因，由机械性的外伤所致，也有可能是接触甲油等化学性物质损伤所致。另外，缺锌的人群也有指甲白点的表现。随着指甲的生长，白斑会自然消失。

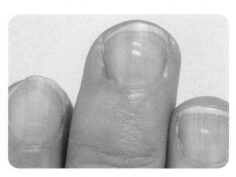

图2-12 竖纹指甲   图2-13 白点状指甲

7. 啃咬指甲

啃咬指甲的游离缘端被破坏或呈现锯齿状（图2-14）。指甲外观甲板短小，啃咬过分可见创伤血迹且伴有炎症。人造指甲能够修复受损的甲板，改善指甲的外观。

8. 嵌甲

嵌甲也称指甲内生，就是指甲往肉里生长，常见于脚指甲（图2-15）。常因指甲修剪不当，致使边缘部分嵌入肉内，或者鞋子穿着不适，挤压形成。可通过定期修剪，帮助顾客缓解此现象。

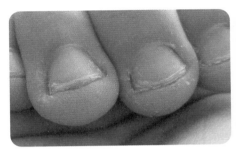
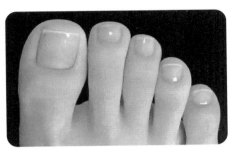

图2-14　啃咬指甲　　　　　　　　图2-15　嵌甲

任务2　了解常见甲病

指甲由于真菌或细菌感染造成发炎、红肿、疼痛、肿胀或甲板变色，均不应在美容院或沙龙进行诊断和治疗。

1. 甲真菌病

甲真菌病就是俗称的灰指甲（图2-16），因真菌感染引起，初期为黄褐色的白癣出现在指甲表面，逐渐扩大；中期甲下角化过度，甲板开始增厚；后期甲板像断树桩样，呈粉质状。真菌自甲根、甲两侧或甲芯侵入甲床引起的指甲病变。其具有一定传染性，需及时就医治疗，等痊愈后可提供美甲服务。

2. 甲沟炎

甲沟炎是指甲周围组织被细菌感染，造成的发炎（图2-17）。手部甲沟炎常见于洗碗

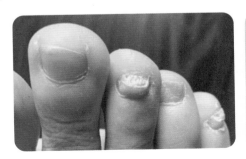
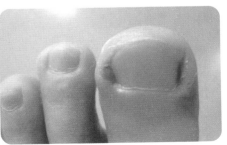

图2-16　真菌甲　　　　　　　　图2-17　甲沟炎

工、卫生保健者和食品加工者，因为经常接触水造成手干燥而皲裂。足部甲沟炎常因嵌甲引起，轻微情况下可挤出脓肿并消毒，正确修剪嵌甲，发炎严重者建议就医。

3. 绿色甲

绿色甲是指手长期接触肥皂水及洗涤剂易于感染铜绿假单胞菌、念珠菌或绿色曲霉菌，临床表现为甲板部分或全部变绿，需及时就医治疗（图2-18）。

4. 指甲剥离症

指甲剥离症是指甲板从甲床处分离但没脱落的症状，通常由指甲前缘向甲半月区域剥离（图2-19）。除了因为甲床受到外力损伤，还会因真菌感染、银屑病、湿疹、维生素缺乏症等原因出现。可将甲板修短避免进一步损伤，等创伤愈合后，甲剥离区域也会慢慢愈合。

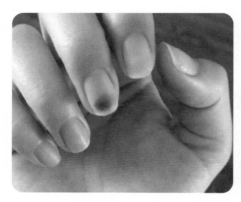

图2-18　绿色甲

图2-19　指甲前缘剥离

项目
3

准备工作

美甲师要了解美甲设备、工具、材料的类别、功能及使用方法，还要掌握其日常维护保养、卫生消毒的操作程序，是保障服务安全与实施服务过程的重要准备环节。

关键词

美甲设备　　　　美甲用具

美甲材料　　　消毒流程

分项目1 | 常见设备

任务1　门店设备

1. 美甲工作台

美甲工作台包括桌子和椅子，有桌椅一体式的，也有分离式的，椅子有沙发式的，更多选用带滑轮及液压杆的椅子（图3-1～图3-3）。

图3-1　美甲桌椅1

图3-2　美甲桌椅2

2. 顾客座椅

美甲店常用的椅子分为两类，座椅和专用沙发。美甲工作台前座椅不宜选用带滑轮的，因为带滑轮的不稳定，会导致顾客翻倒的事故或使美甲师操作时因椅子晃动而弄伤顾客或造成操作失误（图3-4）。

3. SPA 按摩椅

SPA 按摩椅一般是供手足同时操作时使用的一种较舒适的美甲座椅，它的足浴盆可设置冲浪、按摩功能等。但需要接通上下水，这必须在装修初期做好规划设计（图3-5）。

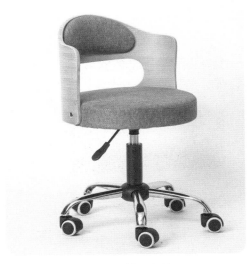

图3-3 美甲师椅   图3-4 顾客座椅

4. 可调节台灯

工作台灯可安装在工作台上，最好选可调节角度的款式，以满足做指甲、足部护理时使用的需要。一般可选择使用480～500lm冷光源的台灯，能够保证皮肤和甲油色彩的颜色不失真（图3-6、图3-7）。

图3-5 SPA按摩椅   图3-6 台灯

5. 消毒柜

消毒柜分为毛巾消毒柜、工具消毒柜及餐具消毒柜。毛巾消毒柜一般有红外线高温消毒、臭氧杀菌、紫外线消毒的功能，可用于毛巾、美容服等的消毒。工具消毒柜主要

图3-7 落地灯

图3-8 消毒柜

采用紫外线消毒，针对一些美甲操作的工具（图3-8）。餐具消毒柜主要采用高温及臭氧消毒，用于茶杯等餐具消毒。

任务2 美甲设备

1. 甲油风干机

甲油风干机是用来吹干刚完成美甲后甲面未干的指甲油的，主要在涂抹指甲油时使用（图3-9）。

2. 光疗灯

光疗灯主要是紫外UV灯或发光二极管LED灯（图3-10），是用来固化光疗胶及甲油胶的设备。有36W、48W等功率，功率越大的灯固化速度越快，但可能会使甲面产生灼热感。

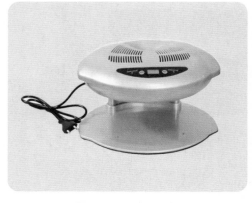

图3-9 甲油风干机

图3-10 光疗灯

3. 电动打磨机

电动打磨机常用的有直插电源式及充电便携式。其功能是快速卸除指甲表面的水晶、光疗、甲油胶等材质，也可以用来进行对指甲的护理，如指皮的推起与指甲后缘与前缘的修整等。使用打磨机需进行专门的培训，对磨头的使用以及机器的养护方面要充分掌握与了解，并且在具备较强操控能力后，方可进行服务操作（图3-11）。

4. 蜡疗机

蜡疗机配备自动恒温器，可将巴拿芬蜡溶解至所需温度。手部护理时可将顾客的手直接浸入，而足部护理时不可直接浸入，防止交叉感染，需要用勺子将蜡舀出后浇在足部皮肤表面（图3-12）。

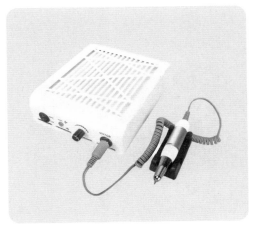 

图3-11　便携式电动打磨机与吸尘器　　　　图3-12　蜡疗机

5. 电热手脚套

加热手脚套主要用于手、足部护理时，有加热或震动加热功能。在使用前，要进行预热，根据季节与顾客喜好来选择高、中、低档的温度。使用后要用湿毛巾进行擦洗及消毒，不可进行水洗。日常平铺保存，不可折叠（图3-13、图3-14）。

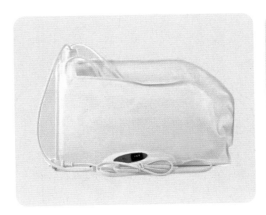 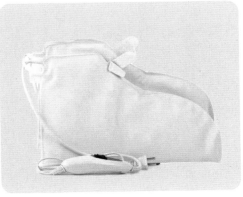

图3-13　电热手套　　　　　　图3-14　电热脚套

任务3　其他设备

1. 足浴盆

足浴盆是在足部护理时用来浸泡双足的盆，有塑料盆、木桶、专用足浴盆等款式。每个顾客使用后要彻底地清洁及消毒（图3-15）。

2. 浸手碗

浸手碗是用来浸泡顾客手指，用以软化指皮的工具。有塑料、金属、陶瓷等材质。每个顾客使用后必须彻底清洁及消毒（图3-16）。

图3-15　足浴盆

图3-16　浸手碗

3. 垫手枕

垫手枕有皮质、棉质等类型，每次使用时用毛巾或纸巾等覆盖，被垫在顾客手腕下。其作用是增强顾客在服务过程中的舒适感，也方便美甲师操作（图3-17）。

4. 美甲展板

美甲展板是用来展示美甲作品的工具，可选用塑料板、有机玻璃板或者相框（图3-18）。

5. 收纳托盘

收纳托盘的作用是摆放美甲产品及工具类。有木质、塑料、金属等其材质多样（图3-19）。

图3-17　垫手枕

图3-18　美甲展板

图3-19　收纳托盘

分项目2 | 工具材料

任务1 修剪工具

美甲修剪工具可多次使用，一般是不锈钢材质，使用前必须进行严格消毒。

1. 指甲钳

指甲钳主要用于剪短指甲，常用的有斜口与平口两种（图3-20）。修剪时应从一侧修剪至另一侧。

2. 指皮推

指皮推可用来推起甲上皮，刮去角质层的工具（图3-21）。指皮推多为不锈钢材质，使用时要注意避免因其粗糙或锋利刮伤甲面。

3. 指皮剪

指皮剪是用于修剪指（趾）皮以及指甲周围的倒刺和硬皮的专用剪子（图3-22）。指皮剪有单叉、双叉的区别，刀口有12号、14号、16号的大小区分。刀口越锋利，修剪指皮时越快捷、越干净。用完后刀口要向上，并用保护套套好刀口。

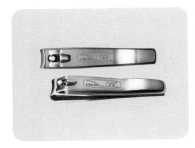

图3-20 指甲钳

图3-21 指皮推

图3-22 双叉指皮剪

任务2 打磨工具

1. 打磨砂条

打磨砂条有多种类型和粗细。有纸质的砂条、海绵质地的抛光砂条、有机玻璃质地的砂条。有长条形的、块状的。打磨砂条一般用粒度表示粗细，指每平方英寸（$1in^2 =$ $6.4516cm^2$）所含的颗粒数，数值越大，磨蚀能力越小，数值越小，磨蚀能力越大（图3-23）。

（1）100号砂条：颗粒较粗，主要用于假甲的打磨工作。

（2）180号砂条：颗粒较细，主要用于自然指甲的前缘修形及假甲的进一步完善。

2. 海绵锉

海绵锉主要用于对指甲表面的抛光及后缘甲上皮的处理（图3-24）。

3. 抛光条

抛光条主要用于对指甲表面的抛光，可以将指甲表面打磨得平滑而有光泽（图3-25）。

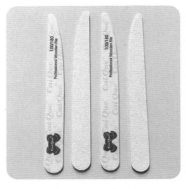

图3-23 打磨砂条

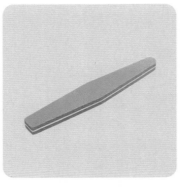

图3-24 海绵锉

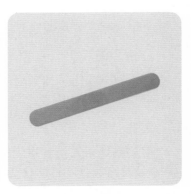

图3-25 抛光条

4. 抛光棒

抛光棒一般有一个塑胶制的把手，有一块麂皮软垫，要配合抛光膏一起使用。抛光膏含有磨砂颗粒，颗粒材质通常为浮石、滑石或者高岭土。抛光膏用于磨平甲面，它含有维生素E等营养物质，在抛光打磨过程中能够给予指甲营养，并增强其光泽（图3-26）。

5. 脚锉

脚锉是用于去除足底硬茧的工具，材质有塑料、砂纸、石质、金属等（图3-27、图3-28）。

图3-26 抛光棒与抛光膏

图3-27 塑料砂纸脚锉

图3-28 金属脚锉

任务3 笔类工具

1. 光疗笔

光疗笔的笔毛有尼龙制的，也有动物尾毛制的，有平头、圆头等类型（图 3-29）。

2. 水晶笔

水晶笔的笔毛由动物尾毛制成，一般分为 6#、8#、10#。笔毛越多吸水量越大，可取出的水晶甲粉越多。熟练的操作者选用笔毛量大的水晶笔可以快速制作水晶甲，初学者建议从 6# 开始使用（图 3-30）。

图3-29 光疗笔

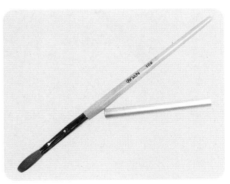

图3-30 水晶笔

3. 彩绘笔

彩绘笔的笔毛一般有尼龙和动物毛两种质地，型号大小根据不同图案进行选择，一般需要配备不同粗细的彩绘笔（图 3-31）。

4. 拉线笔

拉线笔有较细长的笔毛，可轻松拉出线条，在指甲彩绘中经常要运用到（图 3-32）。

图3-31 彩绘笔

图3-32 拉线笔

5. 晕染笔

晕染笔有较粗短的笔毛，可进行 2 ～ 3 种颜色的过渡处理，能便捷地刷出晕染效果（图 3-33）。

6. 点珠笔

点珠笔通常金属质地，笔头圆点有不同大小型号，可用来快速绘制圆点，或者蘸取美甲饰品（图 3-34）。

图3-33　晕染笔

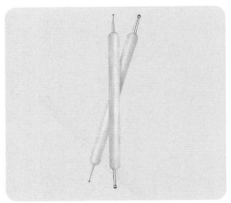

图3-34　点珠笔

任务4　其他用具

1. 美甲颜料

丙烯颜料耐水、易干，容易叠色，可选用丙烯颜料来作为美甲颜料制作彩绘指甲（图 3-35）。

2. 调色盘

调色盘用于美甲彩绘时调配颜料（图 3-36）。

图3-35　丙烯颜料

图3-36　调色盘

3. 镊子

镊子可以用于夹取美甲饰品、贴纸等，方便将饰品放置于指甲表面（图 3-37）。

4. 胶水

胶水用于粘贴指甲片或指甲上钻石类装饰品，可以自然风干（图 3-38）。

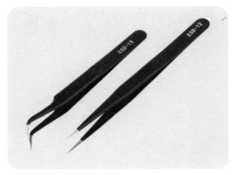

图3-37　镊子

图3-38　胶水

5. 小剪刀

小剪刀用于修剪贴纸等饰品（图 3-39）。

6. 饰品盒

饰品盒可以用来盛放铆钉、钻石、珍珠等饰品，方便归类及寻找（图 3-40）。

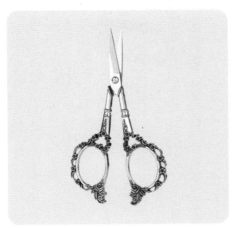

图3-39　小剪刀

图3-40　饰品盒

7. 美甲饰品

美甲饰品的种类很多，有转印纸、仿真钻石、珍珠、铆钉、金箔、贴花等。款式与材料有较强的流行性（图 3-41、图 3-42）。

8. 刷子

在美甲服务中用到的刷子种类有很多，在不同的项目中使用到的刷子有较大区别。

图3-41 转印纸

图3-42 仿真钻石

（1）羊角刷

羊角刷通常是塑料制品，用于对指甲缝的清洗（图3-43）。

（2）粉尘刷

粉尘刷类似洗脸刷或腮红刷，用于对指甲表面及手部的粉尘清除（图3-44）。

（3）清洁刷

清洁刷用于刷洗消毒的工具，例如脚锉、磨锉等（图3-45）。

（4）敷膜刷

敷膜刷用于手膜、足膜的涂抹（图3-46）。

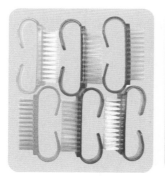

图3-43 羊角刷

图3-44 粉尘刷

图3-45 清洁刷

图3-46 敷膜刷

9. 隔趾器

隔趾器主要用于分隔脚趾，通常有海绵、硅胶等材质（图3-47、图3-48）。

10. 毛巾

毛巾主要用于美甲工作台及足部翘脚凳的铺垫，顾客使用后必须进行清洗消毒。一次性纸巾可以铺垫在毛巾上，防止甲油、颜料、各种护理产品等污染毛巾及收集甲屑粉尘等。

11. 压瓶

压瓶是用来分装洗甲水、凝胶清洗剂等液体，方便于美甲服务中使用的瓶子（图3-49）。

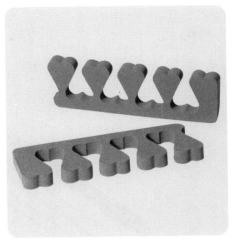

图3-47　海绵隔趾器

图3-48　硅胶隔趾器

12. 桔木棒

桔木棒用于清洁指甲前缘下方。还可将其裹上少量的棉花，蘸取洗甲水，清除溢出指甲表面的甲油（图 3-50）。

图3-49　压瓶

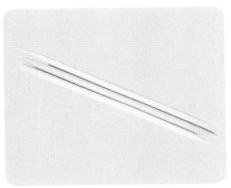

图3-50　桔木棒

13. 锡纸

锡纸可用于甲油胶或者水晶甲、光疗甲卸除时。方法是将锡纸包裹住盖于甲面上的卸甲棉片，使卸甲水不易快速挥发（图 3-51）。

14. 刮刀

刮刀可用来提取适量的手足护理产品，并将产品放置于单独的容器中（图 3-52）。

15. 保鲜膜

在手足护理时，可用保鲜膜包裹住涂有手膜、脚膜的手部或足部，避免产品水分流失。

16. 塑形棒

塑形棒是一种圆柱形金属棒，常用的有 6 ～ 7 种规格，是用于水晶甲、法式水晶甲方形

"C"弧塑形的辅助工具，需根据指板宽窄选号。在水晶甲粉彻底固化前，用右手将塑形棒贴住水晶延长的甲体两侧，并顺着塑形棒的圆形弧面，用左手的食指与拇指塑造出半圆形"C"弧（图3-53）。

图3-51　锡纸

图3-52　刮刀

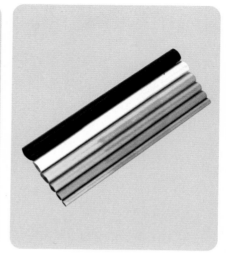

图3-53　塑形棒

任务5　指皮护理产品

1. 指皮软化剂

指皮软化剂主要用来软化角质，便于指皮修剪去除。涂抹时尽量避免与皮肤、甲板接触，避免软化甲板。

2. 指缘营养油

指缘营养油又称指缘精华素，产品含有丰富的维生素等营养成分，可快速渗透到甲板或皮肤，起到滋养的作用。

任务6　甲油相关产品

1. 洗甲水

洗甲水用于溶解和除去甲油，通常要配合脱脂棉片一起使用。

2. 彩色甲油

指甲油有丰富的颜色，繁多的种类。甲油有漆光、哑光、亮片等类型。通常涂抹时需要掌控刷头的蘸油量，以保证上色时甲板色彩能够饱满平整。

3. 底油

底油通常是透明的或粉红色，它的作用主要是为了给自然甲提供保护，防止有色甲油的色素沉淀及让有色甲油更好附着。

4. 指甲强化剂

指甲强化剂是用来提高甲板表面的硬度或韧性的，它还可以防止甲板分离或剥离。根据产品使用特点不同，指甲强化剂有的在涂底油前使用，有的涂在最外层。

5. 亮油

亮油是透明的，主要用在彩色甲油外面形成一层保护膜，以增加彩色甲油的光泽度与持久度。还有一种快干亮油，能促使甲油表面快速干燥。

6. 甲油快干剂

甲油快干剂是一种挥发溶剂，有滴剂形式及喷雾形式两种，可涂抹或喷于指甲表面加速甲油表面的干燥。

任务7　甲油胶产品

1. 底胶

底胶涂于自然指甲表面形成一层隔离膜，以防止甲油胶色素沉淀，起到保护自然甲的功效。

2. 封层

封层的作用类似亮油，是用来保护彩色甲油胶增加持久性提高亮泽度的。封层根据其不同特性，分为擦洗封层、免洗封层、磨砂封层、雾面封层。

3. 彩色甲油胶

彩色甲油胶有瓶装与罐装，由于在空气中并不会干燥，可进行不同颜色甲油胶的调配。

4. pH 平衡剂

pH 平衡剂是用来平衡甲板表面的 pH 值，去除甲板表面的油脂及减少水分，让甲油胶更好附着在甲板上。

5. 凝胶清洗剂

凝胶清洗剂可以清洁凝胶表面的黏稠物质。

6. 卸甲包

卸甲包里有卸甲水及棉片，可直接将其包裹在指甲上，卸除甲油胶或者水晶甲、光疗甲。

任务8 手足护理相关产品

1. 清洁类

清洁类产品常用于手足护理的第一个环节，常用的有液体、啫喱、粉末、海盐、泡腾球等，起着清洁、杀菌、滋润的作用。

2. 去角质类

去角质类产品通常用的是手足磨砂，手足磨砂常见的有啫喱磨砂、凝胶磨砂和海盐磨砂，有些也会含有核桃颗粒等，主要用于去除手足部皮肤上过厚的角质层，使皮肤细腻光滑。

3. 按摩产品

按摩产品在手足护理的按摩过程中起着润滑的作用，常见的有膏状、油状的。有时也可用护理乳液进行手足部位的按摩。

4. 手足膜

手足膜类产品主要作用是加强皮肤对营养的吸收，有美白、抗衰、深层滋润等效果。手足膜大多是膏状的，也有手套、脚套式的，这种便捷式的更方便且利于居家护理。

5. 护理乳液

护理乳液就是通常所说的护手霜、护足霜，起着滋润保湿的作用。

分项目3 消毒流程

美甲工具常重复使用，不消毒会造成细菌交叉感染。美甲师应具备消毒意识，掌握消毒方法与流程，确保工具卫生安全，保障顾客与自身的健康。

任务1 双手消毒

1. 消毒工具与材料

消毒棉片、酒精消毒液或抗菌手部啫喱、化妆棉片等。

2. 消毒双手流程

第一步：取酒精。棉片上取适量酒精消毒液。

第二步：擦左手手背、手心、指缝、指甲。

第三步：擦右手手背、手心、指缝、指甲。

注意：美甲师先消毒自己双手，再消毒顾客的双手。消毒顾客双手时，从其左手消毒到右手。

任务2 工具消毒

分任务1 金属工具消毒流程

1. 消毒工具与材料

乳胶手套（一次性手套）、75% 酒精消毒液、不锈钢托盘、一次性灭菌袋、纳米超声波清洗机、美甲消毒柜等。

2. 消毒流程（图3-54）

第一步：清洗。戴上乳胶手套（一次性手套），清水冲洗工具，可再用超声波清洗机清洁指甲剪、指皮推、指皮剪等。

第二步：酒精消毒。取出工具后放入装有 75% 酒精的不锈钢托盘浸泡消毒。

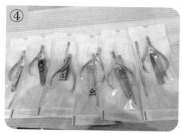

图3-54　金属工具消毒示意图

第三步：酒精擦拭。擦干金属工具。

第四步：装入灭菌袋。将擦干的金属工具装入灭菌袋。

第五步：紫外线消毒。将装袋的工具放入消毒柜进行紫外线消毒。

第六步：装入收纳箱备用。

分任务2　金属打磨工具消毒流程

1. 消毒工具与材料

乳胶手套（一次性手套）、75% 酒精、不锈钢托盘、纳米超声波清洗机、美甲消毒柜等。

2. 消毒流程（图 3-55）

第一步：清洗。戴上乳胶手套（一次性手套），清水冲洗后，可再用超声波清洗电动打磨机打磨头。

第二步：酒精消毒。放入装有 75% 酒精的不锈钢托盘浸泡消毒。

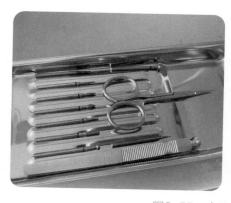
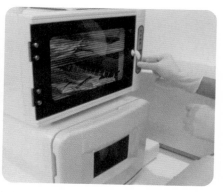

图3-55　金属打磨工具消毒

第三步：酒精擦拭。擦干金属工具与托盘。

第四步：紫外线消毒。将放有磨头的金属托盘放入消毒柜进行紫外线消毒。

第五步：装入密封收纳袋。

分任务 3　毛巾消毒流程

1. 消毒工具与材料

乳胶手套（一次性手套）、洗涤剂、毛巾消毒柜。

2. 消毒流程

第一步：清洗。戴上乳胶手套（一次性手套），用洗涤剂清洁毛巾。

第二步：晾干或烘干毛巾。

第三步：消毒柜消毒。用消毒柜紫外线消毒。

分任务 4　修形工具消毒流程

1. 消毒工具与材料

乳胶手套（一次性手套）、75% 酒精、不锈钢托盘、粉尘刷、一次性灭菌袋、美甲消毒柜。

2. 消毒流程（图 3-56）

第一步：清洗。戴上乳胶手套（一次性手套），清水冲洗后用粉尘刷清洁。

第二步：酒精消毒。将修形工具喷上酒精消毒。

第三步：装入灭菌袋。将晾干的修形工具装入灭菌袋。

第四步：紫外线消毒。将装袋的工具放入消毒柜进行紫外线消毒。

第五步：装入收纳箱备用。

图3-56　修形工具消毒

任务3　设备消毒

1. 消毒工具与材料

乳胶手套（一次性手套）、75% 酒精、湿纸巾等。

2. 消毒流程

第一步：戴上乳胶手套（一次性手套），用湿纸巾清除粉尘。

第二步：用酒精棉片擦拭桌面、椅子、美甲灯等美甲设备。

手足护理技能

手足护理是一项关键性技术，包含指甲的护理、皮肤护理及指甲颜色的修饰。美甲师要熟练掌握该项必备技能，学会根据顾客的不同需求，针对性设计搭配与实施服务疗程。

关键术语

指甲修形	形状设计	推剪指皮
甲面打磨	涂色方法	卸除方法

分项目1 ｜ **手部护理技巧**

任务1　指甲修形

指甲的形状分为甲板形状和前缘形状。

1. 甲板形状类型

甲板形状是指覆盖在甲床上的指甲形状，是与生俱来的。常见的有直长形、横短形、椭圆形、圆形、扇形（图4-1）。

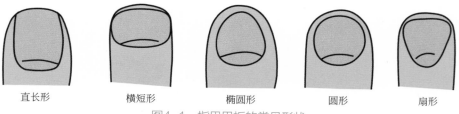

| 直长形 | 横短形 | 椭圆形 | 圆形 | 扇形 |

图4-1　指甲甲板的常见形状

2. 指甲前缘形状

指甲前缘的形状即甲尖处轮廓线的形状，常分方形、方圆形、圆形、椭圆形、尖形（图4-2）。

| 方形 | 方圆形 | 圆形 | 椭圆形 | 尖形 |

图4-2　常见指甲前缘形状

① 方形：指甲前缘呈直线，两边角呈直角。
② 方圆形：前缘呈直线，两侧边角呈短弧形。
③ 圆形：前缘呈圆弧线状。

④ 椭圆形：前缘呈椭圆形，其形的两侧与圆形相比宽度收窄。

⑤ 尖形：前缘比较尖，两侧弧线与椭圆形相比宽度更窄。

3. 修形动作要领

指甲形状要结合甲板、手指特点、顾客需求等来设计，修形先要懂五类标准形的特征，还要娴熟掌握修形技术，这需要通过观察分析与反复训练才能达到（图4-3）。

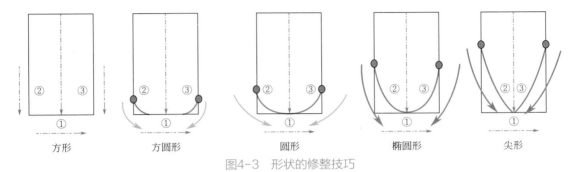

图4-3　形状的修整技巧

（1）修方形

① 特点：左右两侧边角与指甲前缘呈 90°，常用于法式水晶甲或比赛中。

② 修形动作技巧（图 4-4）：

a. 修磨前缘：砂条平行于指甲前缘，水平位单向从左往右修磨。

b. 修磨两侧：修整指甲两侧，使两侧平行。

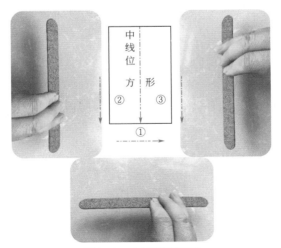

图4-4　方形修形手势

（2）修方圆形

① 特点：前缘是一条水平线与两边弧线的组合，更适合骨感细长手型。

② 修形动作技巧（图 4-5）：

a. 修磨前缘：砂条平行于指甲前缘，水平位单向从左往右修磨。

b. 修磨两侧：修整指甲左右两侧，并修磨出两侧角的弧线，保证其弧度左右对称（图 4-5）。

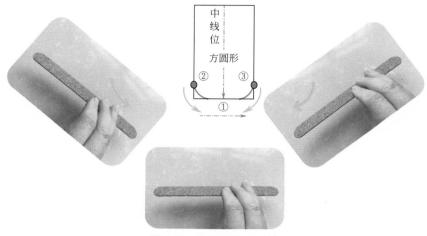

图4-5　方圆形修形手势

（3）修圆形

① 特点：甲板前缘呈现圆弧形状。适合甲床较宽、手指微粗的手型。

② 修形动作技巧（图4-6）：

a. 修磨左侧：砂条自左向右单向打弧线，用匀力打磨至甲板中线位。

b. 修磨右侧：反手砂条朝下，从右到左走弧线，匀力打磨至甲板中线位，使左右两边弧线对称，指甲前缘呈现圆弧形。

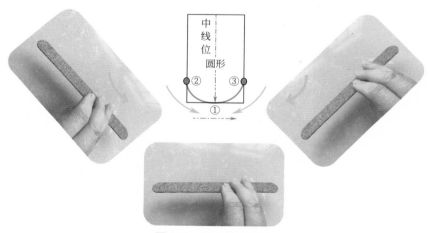

图4-6　圆形修形手势

（4）修椭圆形

① 特点：指甲前缘呈椭圆形状。能够较好修饰远节指骨较细的稍胖手型。

② 修形动作技巧（图4-7）：

a. 修磨左侧：砂条角度与指甲前缘水平线角度增大，将图4-7中弧线两侧 A、B 两点位置提高。砂条自左向右单向打弧线，匀力打磨至甲板中线位。

b. 修磨右侧：反手位砂条朝下，从右到左走弧线，匀力打磨至甲板中线位，使左右两边弧线对称，指甲前缘呈椭圆形弧线。

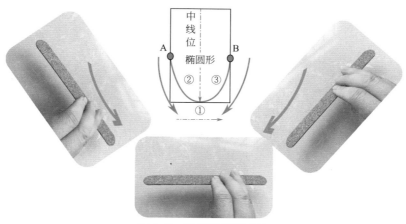

图4-7　椭圆形修形手势

（5）修尖形

① 特点：指甲前缘尖锐，能较好修饰手指，看起来显长。

② 修形动作技巧（图 4-8）：

a. 修磨左侧：砂条与指甲前缘水平线角度持续增大，将图 4-8 中弧线两侧 A、B 两点位置再次提高。砂条自左向右单向打弧线，匀力打磨至甲板中线位。

b. 修磨右侧：反手位砂条朝下，从右到左走弧线，匀力打磨至甲板中线位，使左右两边弧线对称，指甲前缘呈锐角形状。

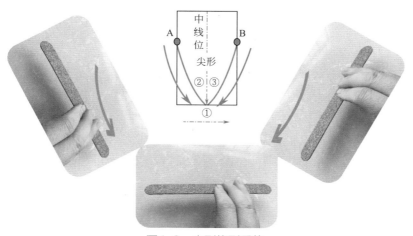

图4-8　尖形修形手势

修形

在甲片上训练修形技术，每一个形状完成五个甲片。要求形状一致，长度一致。

任务2 形状设计

1. 圆形设计

圆形设计适合于椭圆形、圆形、扇形等甲板，属于常见的使用范围较广的甲形。适合手足甲形设计，甲板呈现简约大方的外观（图4-9）。

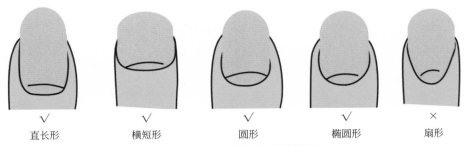

图4-9　圆形设计适合的甲板形

2. 椭圆形设计

椭圆形设计的甲形修正度较好、适用面广，尤其适合横短形、扇形、椭圆形等形状的甲板，能够让手指看起来修长。针对胖手、短粗手型，建议其留长指甲后再设计形状（图 4-10）。

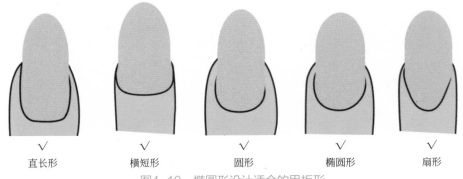

图4-10　椭圆形设计适合的甲板形

3. 尖形设计

尖形设计比较适合直长形、椭圆形等形状的甲板，适用面较广，有较强的修饰作用（图 4-11）。但为便于日常行动，不建议长度设计过长。

4. 方圆形设计

方圆形设计的甲形简约大方，较适合直长形、椭圆形等形状的甲板（图 4-12）。不太适合扇形甲形与短粗手指及较胖手型。

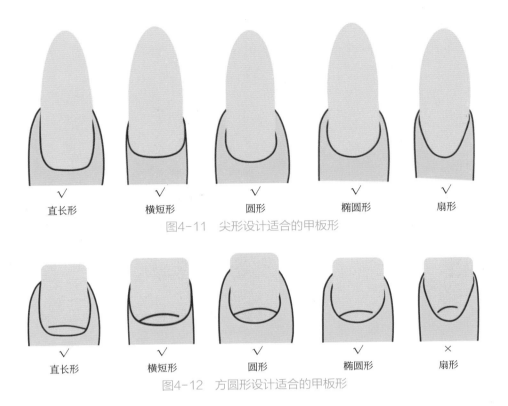

| 直长形 | 横短形 | 圆形 | 椭圆形 | 扇形 |

图4-11　尖形设计适合的甲板形

| 直长形 | 横短形 | 圆形 | 椭圆形 | 扇形 |

图4-12　方圆形设计适合的甲板形

 形状设计

根据真人手形设计指甲形状。要求动作规范，形状一致，长度一致。

任务3　修剪指皮

修剪指皮是为了使指甲看起来干净整洁、精致美观。修剪指皮的类型主要有手动修剪与电动修剪打磨。

分任务 1　手动修剪指皮

1. 物料清单

指皮软化剂、指皮推、指皮剪、指缘营养油等。

2. 操作分析

指皮剪使用方法如图 4-13 所示。

方法一：手心朝上，将指皮剪手柄轻握在手掌中间，以中指、无名指、小指和大鱼际控制手柄的开合。拇指搭在刀头上方，以控制方向。食指放在刀头的下方，起支撑作用。

方法二：手背朝上，以拇指和中指、无名指、小指来合力进行刀柄的控制，食指轻搭刀口上方。

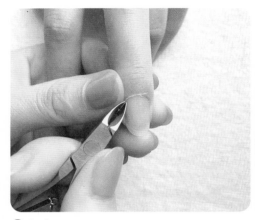
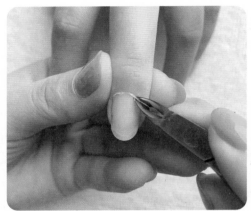

①方法一　　　　　　　　　　②方法二

图4-13　指皮剪使用技巧

3. 操作流程（图4-14）

第一步：浸泡后涂软化剂

根据指皮软化剂产品的使用要求，有的先涂抹再浸泡，有的先浸泡再涂抹。使用软化剂的时候，要涂抹在指甲后缘指皮处，不能涂抹到甲板处。

第二步：推指皮

用拇指及中指握住指皮推，食指轻搭在指皮推上。指皮推以45°角画圈的方式将甲上皮向后推起。不可过低，易滑出指甲后缘导致划伤皮肤。也不可过高，用力过大会划伤指甲表面。

第三步：剪指皮

手握指皮剪时，其刀口要保持45°，剪去已被推起或开裂的甲上皮，并修剪周边松弛悬挂的倒刺。修剪时先剪断、后退，再衔接推进修剪。切勿拉扯指皮，也不可过度修剪，造成皮肤出血。

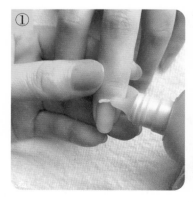

图4-14　手动修剪指皮

分任务 2：打磨机前缘处理

1. 物料清单

打磨机、长形干皮推磨头、丝滑磨头等。

2. 操作分析

用干皮推磨头操作，在指皮处尽量不停留。初学者适宜用温和的长形干皮推磨头，磨头与甲面保持约 30°角，从右到左流畅滑动。接着用碳化细磨头去除残留的死皮。

3. 操作流程（图 4-15）

第一步：修形。先修左手，再修右手，从小指起至大拇指依次修形。

第二步：推指皮。润湿指皮，用指皮推磨头推起死皮。磨头与甲面保持约 30°角，从右侧甲沟滑动到左侧，转速约 4000r/min。磨头有长形和短形，长形适合一般皮肤，短形适合硬质皮肤。初学者适合选用长形指皮推磨头。

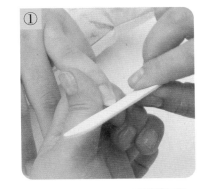

第三步：去角质。用丝滑磨头从右侧甲沟拐弯处向下滑动打磨硬皮，再从左侧甲尖处向上打磨，转速约 4000r/min。

第四步：剪指皮。用指皮剪修剪推起的指皮。

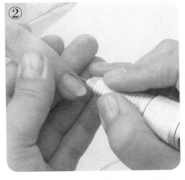

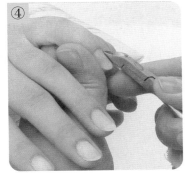
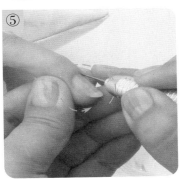
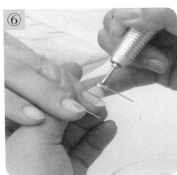
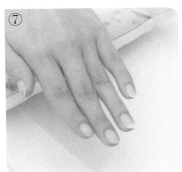

图4-15　打磨机指皮处理操作

第五步：修整。可选用绿色碳化细磨头小号或中号进一步去除残留的指皮，转速约5000r/min。沿着右侧甲沟，走弧线至左侧甲沟，修整其残余指皮。

第六步：清尘。用指甲刷清除残留指皮，转速约3000r/min。先沿着右侧甲沟处，从指尖开始移动刷头至拐角处；在指皮区域，以刷头垂直转圈方式从右到左滑动；再将刷头移到左侧甲尖处，从下往上移动刷头至指皮拐角处。

第七步：清洁。用清洁棉片再次清洁整个甲面以及指皮四周。

应用 实践	**指皮修剪训练**

① 在真人手上，手动修剪十个指甲的死皮，要求动作规范、严谨，修剪干净且光滑。

② 在真人手上，用电动打磨机修剪十个指甲的死皮，磨头使用正确，要求动作规范、严谨，修剪干净且光滑。

任务4　甲面打磨抛光

指甲打磨抛光处理常应用于凝胶甲、水晶延长甲以及甲油胶的卸除环节，是一项至关重要的技术技能。目前有手动与电动机器打磨两种形式，通常这两种形式会被有机结合来进行操作。

分任务1　电动打磨抛光

1. 物料清单

打磨机、卸甲打磨头、粉尘刷等。

2. 操作分析

卸甲磨头（图4-16）的选择要根据卸除材料的情况而定，磨头一般常用的有超粗粒（XC）、粗粒（C）、中粗粒（M）、细粒（F），通常卸除水晶等坚硬材料常选超粗粒（XC）磨头，卸除甲油胶可以选用粗粒（C）磨头或中粗粒（M）磨头。按照图4-17中电

图4-16　卸甲磨头

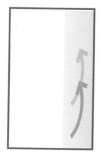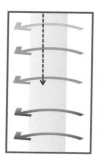

图4-17　电动磨头走势示意图

动磨头走势示意图的箭头方向打磨指甲，磨头的摩擦力要从头部向根部逐渐增强，其中图 4-16 中磨头上的黄线框位置适合用于卸除指甲后缘部位，鲜红线框位置适合打磨指甲的中间和两侧部位，暗红线框区域适合打磨指甲前缘部位。

3. 操作流程（图 4-18）

第一步：选择磨头。可选 XC 号磨头卸除水晶甲，转速可调到 7000r/min 左右，也可根据操作习惯适当调低转速或使用粗粒 C 号磨头。

第二步：打磨右侧。将顾客手指斜向握住，用磨头从甲尖向甲前缘处打磨，避免在一处反复打磨。

第三步：打磨中间。将顾客手指纵向握住，匀力打磨甲板中间部位。从左到右，从上到下走弧线打磨，直到指甲前缘部位，避免在一处反复打磨。

第四步：打磨左侧。将顾客手指纵向握住，从甲板后缘自上往下匀力打磨至前缘，避免在一处反复打磨。

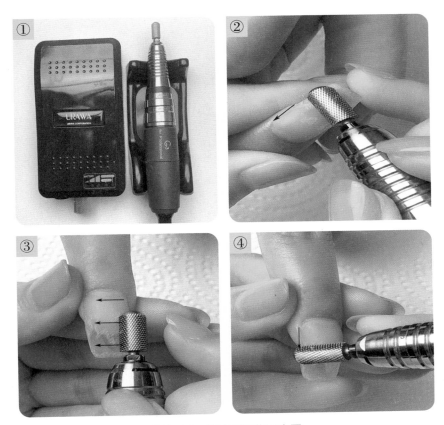

图4-18　打磨机操作示意图

分任务 2　手动打磨抛光

1. 物料清单

打磨砂条、海绵锉、抛光条、粉尘刷、脱脂棉片、75% 酒精等。

2. 操作分析（图4-19）

海绵锉水平位，拇指与食指放于砂条上方，中指、无名指与小指放于海绵锉下方，自右向左或自左向右单向打磨。打磨左侧时海绵锉顺势从上往下或从下往上单向打磨。至右侧打磨时，海绵锉竖位并贴住甲面从上往下单向打磨。

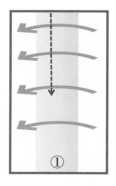  

图4-19　海绵条抛光走势示意图

3. 操作流程（图4-20）

第一步：打磨甲面中间。先以水平位握住海绵锉，用海绵锉100号打磨甲板，从指甲后缘处走弧线打磨至前缘。

第二步：打磨左侧。以45°的角度紧贴指甲后缘处，从指甲后缘左上侧滑向左侧前缘，也可反向操作。

第三步：打磨右侧。海绵锉以45°紧贴指甲后缘处，从指甲后缘右上侧滑向右侧前缘，也可将手指横过来反向操作。

最后，用海绵锉100号打磨完后，再用180号的一面以同样的方法打磨一遍。接着分别再用抛光条的绿面和白面对甲面进行抛光。

图4-20　抛光操作示意图

 海绵条抛光训练
在十个甲片上用海绵锉打磨甲面。要求动作规范，表面平整光滑。

应用实践2 打磨机操作训练
在一个熟鸡蛋上训练打磨机的使用技巧。要求只能打磨蛋壳层，完成后其表面光滑。

 任务5 涂色方法

分任务1 涂单色甲油

1. 物料清单

红色甲油、底油、亮油、洗甲水、脱脂棉片等。

2. 操作分析（图4-21）

（1）甲油至指皮距离在1mm内，注意不要涂抹到皮肤。

（2）将甲油瓶放于左手手心，用中指、无名指、小指握住，大拇指和食指捏住顾客的手指两侧。美甲师的右手拇指、食指、中指捏住甲油瓶盖，用小指抵住左手的中指防止抖动。

（3）桔木棒可裹上少许棉花，蘸取洗甲水，清理涂到皮肤及甲沟里的甲油。

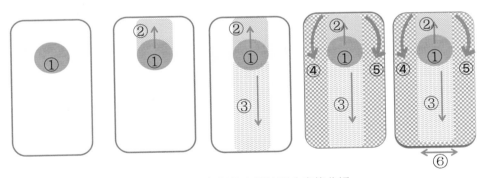

图4-21　上色操作中甲油刷头走势分析

3. 操作流程（图4-22）

第一步：准备工作。底油、红色甲油、亮油、甲油风干机等。

第二步：涂底油。将底油刷缓慢推至离指皮1mm处，接着甲油刷从上往下刷至甲尖，最后包一下甲尖处。

第三步：涂红色甲油。等底油风干了以后，将甲油刷缓慢推至离指皮1mm处，从后缘往前缘涂抹甲板中间及两侧，后缘及两侧边线要涂抹到位并光滑整洁。涂第二遍时要根据第一遍的刷痕叠色。

第四步：涂亮油。等甲油干了以后，涂一层亮油，最后用甲油风干机吹干。

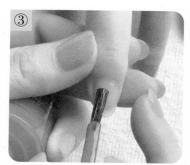

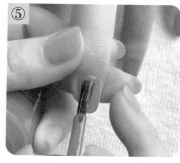
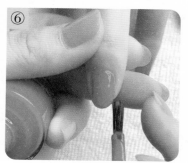

图4-22　甲油上色操作流程

分任务 2　涂法式边

1. 物料清单

白色甲油、底油、亮油等。

2. 操作分析

方法一：A 点与 B 点都往中间汇合。这种比较好操控，操作最简单。

方法二：从 A 点画一自然弧度直接到 B 点。弧度最漂亮，技术难度最大。

方法三：可将贴纸贴在前缘处，用白色甲油涂抹前缘，等风干后，撕掉贴纸，涂上亮油。

3. 操作流程（图4-23）

第一步：涂底油。将底油刷缓缓推至离指缘 1mm 处，再从上往下将底油刷至甲尖，最后包一下甲尖处。

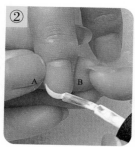

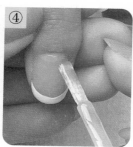

图4-23　涂甲油法式边流程

第二步：涂白色法式边。等底油干了以后，取适量白色甲油，从左侧 A 点往右侧 B 点均匀涂抹，注意粗细保持一致。等第一遍风干了以后，再上第二遍。

第三步：涂亮油。同第一步方法涂抹一遍亮油，随后用电动风干机吹干。

分任务 3　涂甲油胶

1. 物料清单

甲油胶底胶、pH 平衡剂、彩色胶、封层胶、光疗灯等。

2. 操作分析

涂甲油胶有两种方法，一种用瓶刷上色，一种用笔上色。从后缘往前缘涂抹，先涂中间再涂两边，最后包边。甲油胶距离指皮要保证在 1mm 内。

3. 操作流程（图 4-24）

第一步：涂底胶。用 180 号海棉锉轻微打磨甲板的表面，使其表面触感变粗糙。在打磨后的甲面上涂抹一遍 pH 平衡剂，等待自然风干接着薄涂一层底胶，照灯约 > 10s（根据不同产品，不同功效光疗灯，选择不同的照灯时间，下同）固化。

第二步：涂彩胶。从后缘往前缘依次涂抹甲板中间及两侧，再包一下甲尖处。涂第一遍甲油胶时要将边缘线处理到位并保证干净，后缘边线距离指皮留约 1mm。涂第二遍时要根据第一遍的刷痕叠色，使甲油胶均匀平整。每涂一层需照灯约 30s。

第三步：涂封层。涂免洗封层后照灯 60s 固化。

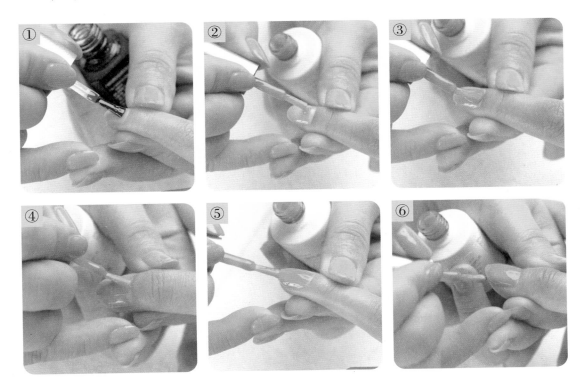

图4-24　涂甲油胶流程

> **应用实践1** 涂甲油训练
>
> 在真人手上，完成十个指甲的上色。要求操作规范，厚薄均匀且轮廓线清晰干净。

> **应用实践2** 涂甲油法式边训练
>
> 在真人手上，完成十个手指的法式边上色。要求操作规范，厚薄均匀、法式边宽度、弧度一致，且轮廓线清晰干净。

> **应用实践3** 涂甲油胶训练
>
> 在真人手上，完成十个手指的甲油胶上色。要求厚薄均匀且轮廓线清晰干净。

任务6 卸除方法

分任务1 甲油卸除

1. 物料清单

洗甲水、脱脂棉片、营养油等。

2. 操作分析

先用营养油涂于指皮一周，棉片蘸取适量洗甲水后停留于甲板几秒，从前缘甲根部往甲尖方向擦拭，对折污染处后再擦除甲板左侧与右侧的甲油。

3. 操作流程（图4-25）

第一步：涂营养油隔离。在指上皮、指腹周围涂上营养油，以起到隔离的作用。

第二步：敷上洗甲水。用脱脂棉片蘸取适量洗甲水静置甲油表面约3s，稍用力从后

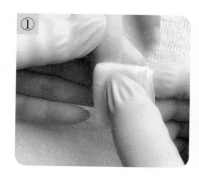

图4-25 甲油卸除流程

缘往前缘擦除。完成一遍后折叠污染处，再次擦拭未清除的地方。

第三步：全面清理甲面。不要用已被污染的棉片反复擦甲面，细微处可以用桔木棒包裹棉花蘸取洗甲水清除。最后，用脱脂棉片擦拭手指与甲面，去除残留的洗甲水。

分任务 2　光疗甲卸除

1. 物料清单

打磨机、卸甲磨头、营养油、卸甲水、脱脂棉片、锡纸等。

2. 操作分析

用电动打磨机去除第一层光疗胶时，要选粗粒磨头打磨。打薄后用棉片蘸取卸甲水，再用锡纸包裹并软化，最后再去除残余光疗胶。

3. 操作流程（图 4-26）

第一步：用粗粒磨头卸除一部分光疗胶。打磨顺序从右侧、中间再到左侧。右侧位将手指斜向握住，用磨头的上部从外向内打磨。打磨甲板中间时，将手指纵向握，磨头匀力从上到下走弧线打磨，避免在一处反复打磨。

第二步：涂营养油隔离。在指上皮、指腹周围涂上营养油，以起到隔离卸甲水的作用。

第三步：用棉片蘸取卸甲水敷于甲板上。再用锡纸包住，不让液体溢出。

第四步：在包裹大约 10～15min 后，卸下锡纸并用钢推或砂条处理残留。最后用脱脂棉片擦拭残留的卸甲水。

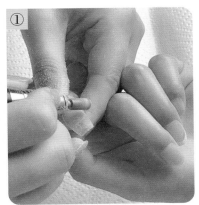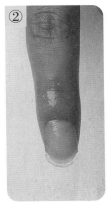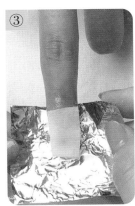

图4-26　光疗甲卸除流程

分任务 3　甲油胶卸除

1. 物料清单

打磨机、卸甲磨头、粉尘刷等。

2. 操作分析

打磨去除甲油胶，可选择中粗粒磨头。

3. 操作流程（图4-27）

第一步：选择磨头。可选择中粗粒温和圆头磨头打磨甲油胶，转速约 6000r/min，可根据操作喜好调整转速。

第二步：打磨右侧。将手指斜向握住，用磨头上部从外向内打磨右侧甲面。

第三步：打磨中间。将手指纵向握住，匀力打磨甲板中间部位。从左到右，从上到下走弧线打磨，直到指甲前缘部位。

第四步：打磨左侧。将手指纵向握住，从甲板后缘由上往下匀力打磨至前缘，避免在一处反复打磨。

第五步、第六步、第七步参考光疗甲卸除的第二步、第三步和第四步。

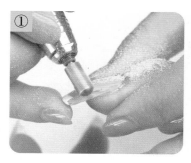 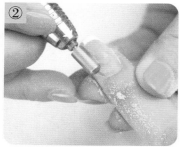 

图4-27　甲油胶卸除流程

应用实践1	甲油卸除训练
	在真人手上，完成十个手指甲油卸除。

应用实践2	甲油胶卸除训练
	在真人手上，完成十个手指甲油卸除。

 视频学习链接

修形与抛光　　　修剪指皮　　　涂甲油胶　　　打磨机卸甲

分项目2　手足护理流程

任务1　手部基础护理

1. 服务前准备

① 清洗自己双手。

② 消毒桌椅、工具。

③ 铺设毛巾，准备物料。

2. 物料清单

砂条、海绵条、抛光条、浸手碗、指皮推、指皮剪、抗菌手部啫喱、卸甲水、指皮软化剂、底油、亮油、红色甲油、营养油等。

3. 服务流程（图4-28）

① 清除甲油或卸除甲油胶。

② 修左手指甲形状。

③ 将左手泡入已放温水的浸手碗里。

④ 修右手指甲形状，完成后浸泡右手。

⑤ 擦干左手，软化左手指皮。

⑥ 擦干右手，软化右手指皮。

① 清洁手

② 修甲形

图4-28

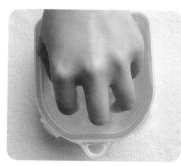

③ 浸泡手

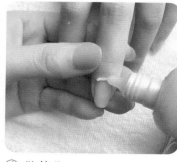

④ 做软化

⑤ 推指皮

⑥ 剪指皮

⑦ 涂底油

⑧ 涂色油

图4-28　基础护理单手操作流程

⑦ 推左、右手指皮并清洁。

⑧ 剪左、右手指皮并清洁。

⑨ 抛光甲面、除尘，用酒精棉片清洁指皮及甲板。

⑩ 涂抹底油、红色甲油、亮油。颜色干了以后涂指缘营养油、护手霜。

任务2　手部皮肤护理

1. 服务前准备

① 清洗自己双手。

② 消毒桌椅、工具。

③ 铺设毛巾，摆放物料。

2. 物料清单（图4-29）

消毒喷雾、垫纸、剪刀、纸巾、大小玻璃碗、保鲜膜、手膜刷、美甲工具、抗菌手部啫喱、按摩膏、滋润霜、手膜膏等。

3. 服务流程

第一阶段：清洁去角质（图4-30）

图4-29　手部按摩部分用品

① 清洁后擦干双手。

② 双手去角质。以打圈的形式去除手部、手臂部位的角质。

③ 清洁双手。用温热毛巾擦干净。

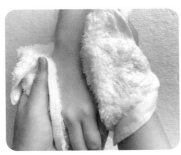
① 清洁手

② 推磨砂

③ 去角质

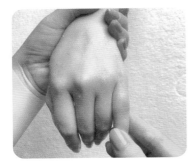
④ 去角质

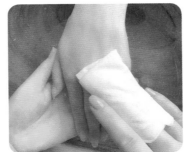
⑤ 清洁手

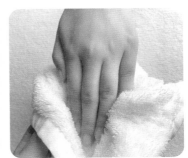
⑥ 擦干手

图4-30　磨砂去角质环节

第二阶段：按摩（图 4-31）

① 推按摩膏。从下往上将按摩膏推开。

② 按摩上臂。单手指推、单手掌推、双手交替掌推方法按摩前臂部位。

③ 安抚手背。双手握拳位，将拇指、大鱼际贴附手背，同时从中间往外侧推开。

④ 指推手背。右手拇指匀力推掌骨骨缝。

④ 按摩手指。从小指开始用拇指、食指打圈按摩，揉按指缝。

⑥ 推揉掌心。握拳位，用指关节打圈揉按掌心。

① 推按摩膏

② 按摩上臂 1

③ 按摩上臂 2

图4-31

④ 按摩手背

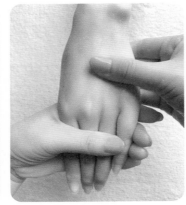
⑤ 指推手背

⑥ 按摩手指 1

⑦ 按摩手指 2

⑧ 推揉掌心

⑨ 放松手腕

⑩ 指推掌心

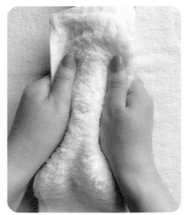
⑪ 清洁双手 1

⑫ 清洁双手 2

图4-31　手部按摩环节

⑦ 放松手腕。掌心相对，顺逆时针方向放松手腕，接着轻叩掌心，动作交替 2～3 遍。

⑧ 指推掌心。手心朝上，双手大拇指交替按摩大小鱼际处。

⑨ 清洁双手。用温热毛巾擦除残留的按摩膏。

第三阶段：敷手膜（图4-32）

① 涂手膜膏。用刷子均匀涂上手膜。

② 包保鲜膜。用保鲜膜包裹双手。

③ 加热或包裹。用毛巾包裹或电热手套加热约 5min。

④ 卸除手膜。用温热毛巾擦除手膜。

⑤ 保湿双手。涂护手霜保湿。

① 刷上手膜　　　② 保鲜膜包裹　　　③ 毛巾包裹

图4-32　涂手膜环节

应用实践 1　**服务前准备训练**

两个人一组，模拟顾客与美甲师。美甲师做好操作台自我管理维护，要求将产品与工具贴上标签贴，做好消毒与产品的准备，引客入座。

应用实践 2　**基础美甲服务流程训练**

两个人一组，模拟顾客与美甲师。美甲师为顾客完成双手的基础护理工作。要求流程操作规范，卫生消毒管理到位，服务细节周到。

应用实践 3　**手部皮肤护理流程训练**

两个人一组，模拟顾客与美甲师。美甲师为顾客完成双手的手部皮肤护理工作。要求流程操作规范，卫生消毒管理到位，服务细节周到。

 任务3　足部基础护理

足部的护理疗程可以有多种组合方式，有修甲疗程、款式修饰、护足保养等项目。

1. 服务前准备

① 清洗自己双手。

② 消毒足浴盆（SPA 椅）及要使用到的物品表面。

③ 铺设毛巾及摆放物品。

④ 足浴盆内注入温水。

⑤ 请顾客入座。

⑥ 消毒自己双手（在沙龙店可选戴乳胶手套（一次性手套））。

⑦ 为顾客测试水温。

2. 足部基础护理流程（图4-33）

足部基础护理的流程与手部护理基本相近，简单将流程说明如下：

① 浸泡双足、擦干双足＞②推趾皮＞③剪趾皮＞④修形＞⑤抛光＞⑥涂底胶＞⑦涂红色胶第1遍＞⑧涂红色胶第2遍＞⑨涂抹营养油、护足霜

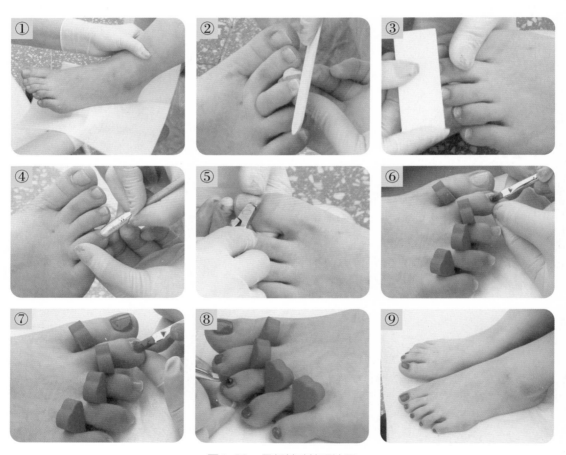

图4-33　足部基础护理流程

3. 足部皮肤护理流程

① 浸泡＞②磨砂去角质＞③按摩＞④敷膜＞⑤卸膜＞⑥巴拿芬蜡疗（可选）

4. 服务后流程

① 家居护理建议＞②前台付费与后期服务预约＞③送顾客＞④收拾物料＞⑤清洁消毒＞⑥登记顾客资料

任务4　足底去茧护理

1. 去茧的必要性

① 足茧会局部疼痛。

② 茧下真菌不易彻底解决。

③ 过厚的足茧影响足反射刺激。

2. 足茧软化方法

① 涂足茧软化液。足茧软化液是一种足部角质软化液，主要功能是软化足跟、足底等部位的厚茧或厚硬角质，通常搭配脚锉板一同使用。针对较厚足茧可用软化液将棉片浸湿，敷在较厚的足茧处，并包裹保鲜膜停留 8 ～ 10min。

② 刮刀去硬茧。用刮刀刮去已软化的硬茧，再用脚锉进行磨锉。可有效软化顾客的硬茧，并缓解足跟开裂问题。

3. 足底去茧方法

茧组织需要被软化和磨平，但不可过度磨薄或去除。尽量不要在茧组织上用刀，这样易导致顾客皮肤衰弱感染。

足底去茧方法具体如图 4-34 所示。

① 足茧软化。

② 选磨锉。视茧的厚度选择磨锉，先粗后细，过渡使用。

③ 锉足底上部。由外向里顺一个方向锉磨。使用粗磨锉时，可以贴紧足底，用力来回磨。

④ 锉足底下部。足底下半部分，也是向中间方向，即向脚心位置锉磨。

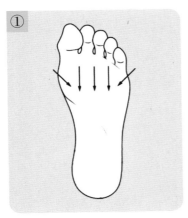
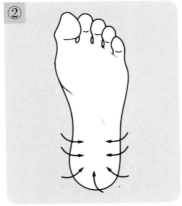
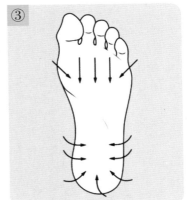

图4-34　足底去茧磨锉示意图

足部基础护理流程训练
两个人一组，模拟顾客与美甲师。美甲师为顾客完成一项足部基础护理服务项目。要求流程操作规范。

 视频学习链接

手部基础护理

手部皮肤护理

项目 5　美甲设计技能

指甲设计修饰是一项综合创作过程，以技术为支撑，将理念、色彩、图案、材料等要素，应用形式美学法则创作而成，需要操作技术与审美修养的双重沉淀，是技术与艺术的有机融合。

关键词

延长　　　　　　　　构图

技法

 分项目1　甲板延长

任务1　延长类型

1. 贴片延长

常见的贴片类型主要有全贴片和半贴片两种（图5-1、图5-2）。半贴片是一种用于甲体延长的贴片，通常反面的后缘处有一块凹面，在这块凹面处涂上美甲胶水后贴合于甲板的三分之一处，通常需要通过光疗胶、水晶粉等材料塑造甲板饱满的弧线。全贴片和半贴片有乳白、透明、白色法式以及各种彩色款式。常见的大小有 0 ～ 10 号，甲片常见的形状有方形、圆形、椭圆形、尖形、梯形等。

2. 光疗延长

光疗延长甲主要是结合光疗延长胶、纸托等材料，在原有指甲上延长塑形，通过 LED 或 UV 灯照射固化，从而形成延长的仿真甲（图5-3）。

3. 水晶延长

水晶延长主要依托于水晶粉、水晶液溶剂以及纸托等材料，在水晶粉凝固前进行假体塑形，从而实现甲体的延长与修补（图5-4）。

图5-1　全贴片　　　　图5-2　法式半贴片　　　图5-3　光疗延长　　　图5-4　水晶延长

任务2　全贴片延长

1. 特点

制作快捷，容易掌握，但持久性与牢固度欠佳。

2. 物料清单

全贴甲片、胶水、打磨砂条、甲面干燥剂等。

3. 制作流程（图 5-5）

第一步：选号。选择与甲板宽度基本吻合的全贴片。

第二步：修形刻磨。剪短指甲，修正贴片后缘弧度，使其与甲板后缘弧度基本一致。然后对甲板整甲进行刻磨。

第三步：干燥甲面。在甲板上涂干燥剂。

第四步：甲片上胶。全贴片反面涂适量胶水。

第五步：黏合甲板。离甲板后缘 1mm 处，将贴片与甲板黏合，注意保证甲片与甲板之间无气泡，无缝隙。

第六步：修形上色。根据顾客手指的特征与需求设计甲型，并完成上色。

如果用甲片黏合剂来贴全贴片，需要光疗灯照射固化。

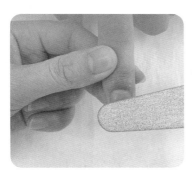
① 刻磨甲板

② 刻磨完成

③ 干燥甲面

④ 甲片上胶

⑤ 黏合甲板

⑥ 修形上色

图5-5　全贴片延长制作流程

应用实践

全贴片训练

在假手模上，完成全贴延长甲的制作，并用甲油胶上色。

在真人手上，完成全贴延长甲的制作，并用甲油胶上色。

任务3　半贴片延长

1.特点

持久性与牢固度较好。

2.物料清单

半贴甲片、甲片黏合剂、打磨砂条或打磨机、水晶粉或光疗延长胶等。

3.制作流程（图5-6）

第一步：选号修形。选择与甲板中间宽度基本吻合的半贴片。修整贴片两侧弧度，使其与甲板两侧宽度吻合。

第二步：刻磨。甲板整甲刻磨。

第三步：上胶。半贴片反面凹槽处涂适量甲片黏合剂。将半贴片反面凹槽与甲板中间位置贴住，顺势将贴片下压与甲板黏合，并保持不动。

第四步：黏合固化。用便捷式LED灯照射约60s。

第五步：电动打磨。用电动打磨机打磨甲片与甲面的高低衔接处，直至摸上去过渡光滑。

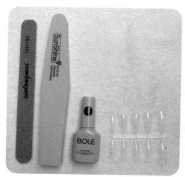
① 准备材料并选号

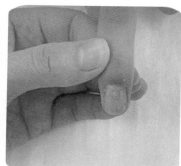
② 刻磨甲板

③ 上甲片黏合剂

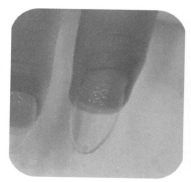
④ 照灯固化

⑤ 打磨平滑

⑥ 上胶填充

图5-6　半贴片延长甲制作流程

第六步：上胶填充。在甲板的"红点"处用光疗延长胶填充甲板的拱形弧面，侧视甲板顶部保证弧度饱满。

第七步：修形。修整指甲的形状与长度，弧度设计自然。

 半贴片延长训练
在假手模上，完成半贴延长甲的制作，用光疗胶填充甲面。
在真人手上，完成半贴延长甲的制作，用光疗胶填充甲面。

任务4 水晶延长

1. 特点
制作难度较高，尤其适合甲床短小，指芯外露等残缺甲的修补延长，其牢固度好。

2. 物料清单
纸托、Ballet Pink 水晶粉、水晶液、打磨工具等。

3. 制作流程（图 5-7）
第一步：刻磨。全甲打磨，并在甲板上涂第一遍干燥剂。

第二步：上纸托。根据手指大小选择纸托。

第三步：填粉延长。涂抹第二遍干燥剂。先延长指甲前缘与纸托交接处，再填充整甲。延长的前缘厚薄要适中且平滑整洁。

第四步：甲板填粉。取粉后填充甲板，以轻推、轻拍、轻扫的方式完成整甲填粉。

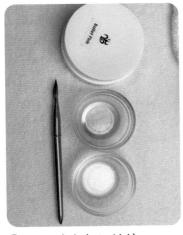
① 延长前准备好材料

② 蘸取 Ballet Pink 水晶粉

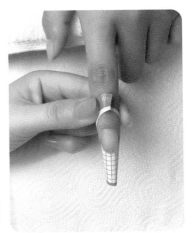
③ 刻磨后上好纸托

图5-7

④ 填粉延长假体

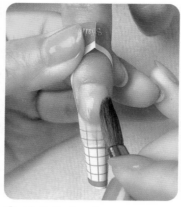

⑤ 填粉塑造甲板 1

⑥ 填粉塑造甲板 2

⑦ 打磨修形

⑧ 抛光甲面

⑨ 延长完成

图5-7　水晶延长制作流程

应用实践　水晶延长训练
在假手模上，完成水晶延长甲的制作。

指甲后缘处预留 0.3 ～ 0.8mm，甲面的弧高处要左右对称，表面光滑平整。

第五步：打磨塑形。指甲前缘要薄，整甲厚薄一致且弧面左右对称。

第六步：抛光。用海绵锉、抛光条把甲面打磨光滑。

任务5　法式水晶延长

1. 特点

制作难度高，牢固度较好，外观简洁大方。

2. 物料清单

白色水晶粉、粉透水晶粉、水晶液、水晶笔、洗笔水、纸托等。

3. 制作流程（图 5-8）

第一步：刻磨。全甲打磨，并在甲板上涂第一遍干燥剂。

第二步：上纸托。保留约 2mm 长的指甲前缘，根据手指大小选择纸托。用纸托扣住手指游离缘处，使两者紧密贴合。如果纸托与甲尖、指尖留有空隙，要修剪纸托的弧度。

第三步：润笔取粉。涂抹第二遍干燥剂。浸润水晶笔，蘸取适量白色水晶粉。取粉量视延长长度及甲床的大小而定。白色、粉透色比例不超过 1 : 1。

第四步：拍粉塑形。拍粉是指手呈握笔姿势握住水晶笔后，笔腹横推、垂直上下拍压、斜向拍压等运笔方式。将液态粉粒铺在纸托与甲尖衔接处，用水晶笔横向将白粉推开后，竖推其两侧，并均匀拍出白色水晶粉的厚度。拍粉过程中及时清洁水晶笔。

第五步：塑"微笑线"。塑造左右两侧的微笑线，取少量粉补微笑线两端的 A、B 两点，使其高度一致，厚薄适中，平滑整洁。完成后微笑线清晰、圆润、流畅、弧度对称。A、B 两点要在甲床二分之一处并等高。

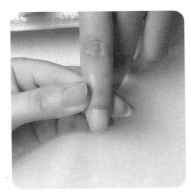

① 刻磨甲面并干燥

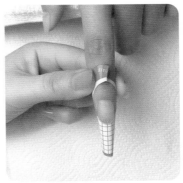

② 修弧度并上纸托

③ 润笔取白色水晶粉

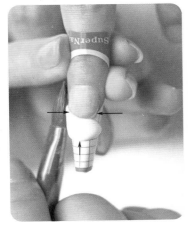

④ 拍粉塑形

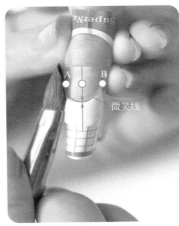

⑤ 拍补塑形

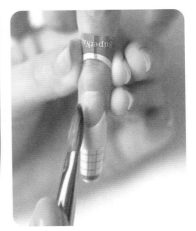

⑥ 上粉色水晶粉

图5-8

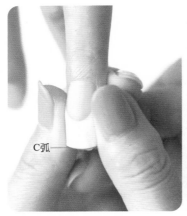 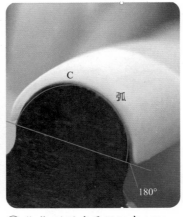 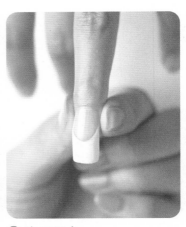

⑦ 塑造 "C" 弧　　　⑧ "C" 弧弧度要保证在180°　　　⑨ 修形抛光

图5-8　法式水晶甲制作流程

第六步：上粉透水晶粉。在微笑线至后缘处，用粉透水晶粉填出拱形弧面。但粉透水晶粉不要覆盖到白色延长处，且与指甲后缘保持 0.3～0.8mm。

第七步：塑造 "C" 弧。在水晶粉未全干前，用塑形棒或拇指收两侧边，塑造 "C" 弧。

第八步：修形抛光。修整形状、厚度、弧面等，并抛光甲面。"C" 弧要保证在180°，厚薄均匀一致，左右两边等高，前缘厚度不超过1mm。

 法式水晶延长训练
在假手模上，完成法式水晶甲的制作。

任务6　光疗延长

1. 特点

通适性高、无味。

2. 物料清单

纸托、光疗底胶、延长胶、打磨工具，光疗灯等。

3. 制作流程（图5-9）

第一步：刻磨。全甲打磨，并在甲板上涂干燥剂。

第二步：上纸托。保留约2mm长的指甲前缘，根据手指大小选择纸托。用纸托扣住手指游离缘处，使两者紧密贴合。如果纸托与甲尖、指尖留有空隙，要修剪纸托的弧度。

第三步：填胶延长。先延长指甲前缘的长度，取胶后铺在纸托与甲尖衔接处，并上下运笔。推出所需的形状与长度，完成后照灯约60s。

第四步：甲板填胶。取胶后在甲板中间处起笔，排笔竖位上下运笔在甲板处填充。

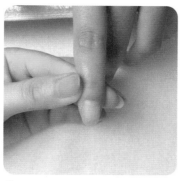

① 刻磨甲面并干燥

② 修弧度并上纸托

③ 填胶延长

④ 甲板处填胶塑形

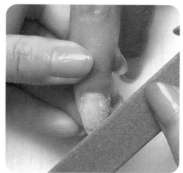

⑤ 打磨修形

⑥ 抛光完成

图5-9　光疗延长甲制作流程

完成后侧面看甲板是一个中间高两边低的光滑弧面。完成照灯约 60s。

　　第五步：打磨塑形。指甲前缘要薄，整甲要保证厚薄一致且弧面左右对称。

　　第六步：抛光。用海绵锉、抛光条把甲面打磨光滑。

应用
实践

光疗延长训练

在假手模上，完成光疗延长甲的制作。

 视频学习链接

全贴片延长

半贴片延长

法式水晶延长

水晶延长

分项目2 甲面构图

任务1 对称构图

对称构图在视觉上可以给人稳定、平静、庄重等感觉，在甲面构图中常见的有以下几种类型。

左右对称是两侧图案沿中心轴对折后重叠。主体图案醒目，稳定感强，重点突出。

中心对称是将一个图案沿着一个对称点旋转180°后与另一图案重叠。构图灵活，主次分明。

辐射对称是常用于一个主体图案构图。如五角星、五瓣花等。

图5-10中的甲面就是应用了左右对称、中心对称、辐射对称等构图形式。

图5-10 对称构图方法应用 设计者：李小凤

任务2 平衡构图

平衡也叫均衡，它不追求形式上的一致，而仅仅是实现视觉上的一种平衡效果，图案组合自由而有动感。

对角构图将主体图案在对角线上进行构图，同时要兼顾画面的主次关系。

"S"形构图是物体以"S"的形状从前景向中后景延伸，主体物从实到虚变化，丰富画面的活力与韵味。

渐变构图是将图案从一个形象逐渐放大或缩小，其形象有所不同却又相近。

图 5-11、图 5-12 中的甲面都应用了平衡构图方法。

图5-11　对角构图　　设计者：李小凤

图5-12　S形构图　　设计者：李小凤

任务3　主次构图

主次构图能突出画面主体，但要考虑辅助图形或颜色的相关性与修饰性。图 5-13 中的甲面以豹子为主体，花和豹纹为修饰，整甲构图重点突出。

图5-13　主次构图方法　　设计者：李小凤

任务4　节奏构图

节奏通常指节拍或旋律的反复出现。在指甲绘画中，通常是指将某一图案的大小、长短做局部改变，但图案的本质形态不变，在画面中反复应用。如点、线、斑马纹（图 5-14）、豹纹等图案就可以采用这类构图设计甲面。

图5-14 节奏构图方法 设计者：李小凤

构图设计实践

提取某一图案作为灵感，分别用对称、均衡、主次、节奏四种构图方法，设计四组甲片，每一组用五个甲片完成。

分项目3　常用技法

美甲设计常因技法不同而呈现出千姿百态的效果，常见的创作技法有勾绘、贴纸、镶嵌、喷绘、拓印、排比彩绘、圆笔彩绘、立体雕刻等。

 任务1　平涂勾绘

案例　点线相吸（图5-15）

1. 物料清单
底胶、封层、甲油胶、勾线笔等。

图5-15　点线相吸　　设计者：李小凤

2. 绘画步骤（图5-16）

第一步：甲油胶上底色两遍后，分别照灯60s固化。定好图案位置，并照灯约5s固化。

第二步：取蓝灰色甲油胶平涂出四个对称菱形，并照灯约10s固化。

第三步：在蓝色菱形底上勾绘水滴形点，并照灯约10s固化。

第四步：用橘黄色勾出水滴"十"字长点，然后照灯约10s固化。接着勾出菱形轮廓线后照灯固化，再勾绘水滴形蓝色点，照灯约10s固化。

第五步：围绕图形四周，由大至小点画圆点，并边画边照灯。

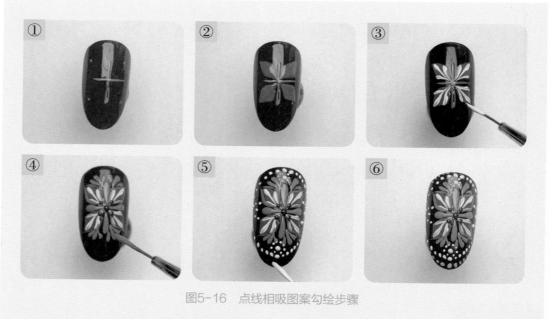

图5-16 点线相吸图案勾绘步骤

第六步：涂上免洗封层后照灯约 60s 固化。

 应用实践 **点线平涂训练**

提取图案元素进行创作，完成五个甲片为一组的作业。

结合、参考同类作品临摹，完成五个甲片为一组的作业。

任务2 **立体勾绘**

案例 **浪漫雕塑（图 5-17）**

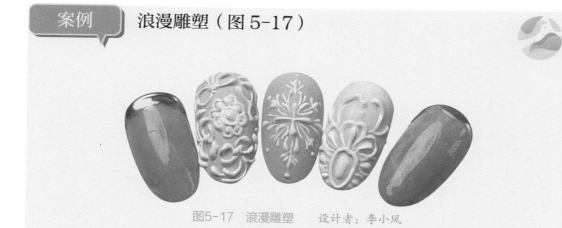

图5-17 浪漫雕塑 设计者：李小凤

1. 物料清单

底胶、封层、白色勾线胶、勾线笔等。

2. 制作步骤（图 5-18）

第一步：白色甲油胶打底两层，分别照灯 60s 固化。勾出甲面上的圆点，勾一个点要尽快照灯 10s 左右。

第二步：沿着圆点勾线，随之照灯约 10s 固化。

第三步：以蝴蝶结为基本形，用线表现其形态，边勾边照灯约 10s。为突出蝴蝶结的立体形态，可以局部补胶，增强立体感。

第四步：在甲面空白处，用同样方法勾绘蝴蝶结。完成后薄涂封层，照灯约 60s 固化。

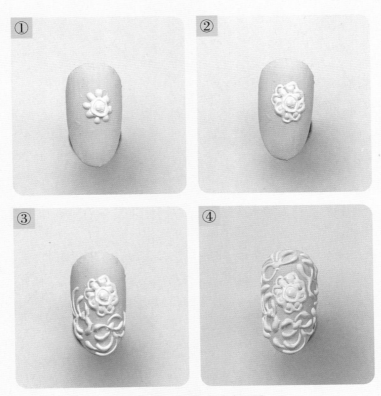

图5-18 立体勾绘步骤图

 线的立体勾绘训练

提取线描图案元素，创作五个甲片为一组的作业。

参考同类作品临摹，完成五个甲片为一组的作业。

任务3 点线面勾绘

案例　花叠情结（图5-19）

图5-19　花叠情结　　设计者：李小凤

1. 物料清单

底胶、封层、甲油胶、勾线笔等。

2. 绘画步骤（图5-20）

第一步：米色甲油胶打底两遍，分别照灯固化。随后上磨砂封层，照灯约60s固化。

第二步：用平头笔刷黑色底色，接着照灯约10s。然后勾绘五瓣花，再照灯约30s。

第三步：加深黑色块面后照灯，再画第二层五瓣花，然后照灯30s左右。

第四步：用黑色甲油胶勾画蝴蝶结并照灯约10s固化，然后勾出白线，点缀黑色点，并照灯固化。最后涂上磨砂封层后照灯60s。

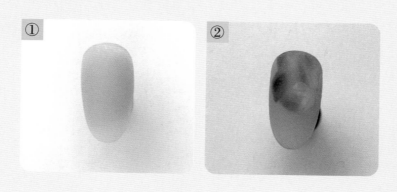

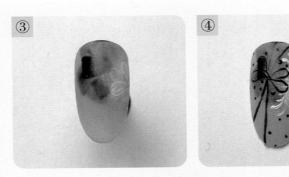

图5-20　花叠情结系列甲面勾绘步骤

 应用实践

点线面勾绘训练

以点线面为灵感，创作五个甲片为一组的作业。

参考同类作品临摹，完成五个甲片为一组的作业。

任务4　拼贴镶嵌表现

 案例 1　鎏金贝壳（图5-21）

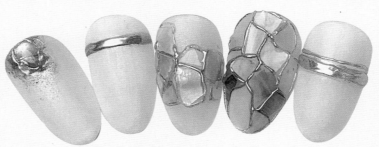

图5-21　鎏金贝壳　　设计者：李小凤

1. 物料清单

底胶、封层、甲油胶、贝壳、大力免洗胶、魔镜粉等。

2. 制作步骤（图5-22）

第一步：上一层底胶后照灯约60s固化，再上一层粘钻胶不照灯，随后将贝壳片平贴在甲片上，贝壳的拼贴要尽量平整。贝壳色彩搭配要和谐，形状最好设计成

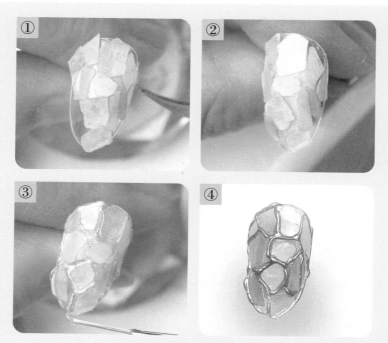

图5-22　鎏金贝壳甲面制作步骤

大小不一的。

　　第二步：贝壳的排列组合不要单一，缝隙尽量不要太大。贝壳片粘贴完之后，照灯约60s固化。然后用修形砂条对其凸起处做打磨处理。

　　第三步：用大力免洗胶沿着每一片贝壳的轮廓勾勒外形，边勾边照灯约10s。

　　第四步：整甲勾完线条后，用魔镜粉擦亮轮廓线，再用勾线笔在线条上勾涂封层。最后照灯固化60s。

案例2　金箔云彩（图5-23）

图5-23　金箔云彩　　设计者：李小凤

1. 物料清单

底胶、封层、琉璃胶、金箔纸、大力免洗胶、魔镜粉等。

2. 制作步骤（图5-24）

第一步：用乳白色甲油胶与琉璃胶打底，上两次底色，每上一次照灯固化约60s。

第二步：取一块金箔纸贴在甲面上，形状不要太规则，轻轻按压平整。

第三步：在金箔纸上，局部薄涂一点琉璃胶，并在锡箔纸边缘处用琉璃胶加深暗面，使锡箔纸与底色自然过渡，然后照灯固化30s左右。

第四步：用平头笔蘸取白色甲油胶，围绕金箔纸外围不规则绘制一层白色的面，可以边勾边照灯，照灯时长约30s固化。

第五步：可局部添加第二层白色胶，增强饱和度，随后照灯约30s固化。

第六步：最后涂上免洗封层照灯约60s。

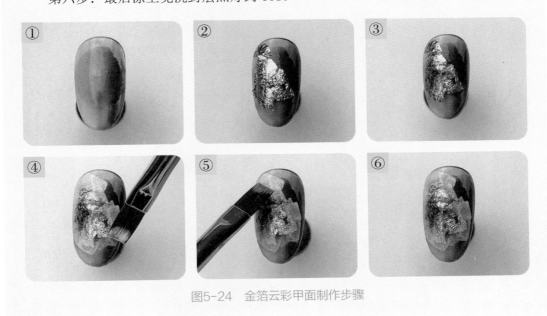

图5-24　金箔云彩甲面制作步骤

案例3　魔镜青石（图5-25）

1. 物料清单

底胶、封层、甲油胶、大力免洗胶、魔镜粉、珍珠饰品等。

2. 制作步骤（图5-26）

第一步：用乳白色甲油胶打底两遍，分别照灯约60s固化。

图5-25　魔镜青石　　设计：李小凤

第二步：用纯白色提亮以表现大理石纹理，接着照灯约30s固化。然后用咖啡色勾出大理石的主脉线，随后晕开其一边并与底色融合。完成后照灯约30s。

第三步：涂一层磨砂封层，照灯60s固化。

第四步：用大力免洗胶顺着大理石纹理勾勒，随后照灯约60s，接着用魔镜粉擦亮线条。最后在凸起的镜面线条上刷免洗封层，再照灯约60s固化。

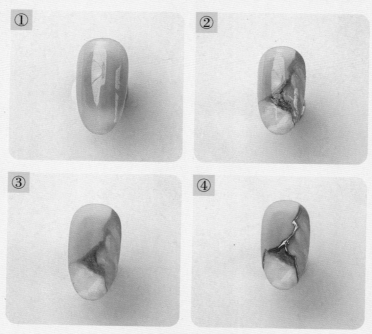

图5-26　魔镜青石甲面制作步骤

 魔镜、贝壳、饰品镶嵌训练

以美甲镶嵌材料，创作五个甲片为一组的作业。

参考同类作品临摹，完成五个甲片为一组的作业。

任务5　水墨晕染

　　美甲中晕染技法是指将一种颜色从深至浅自然过渡的技巧，可采用甲油胶、水彩、丙烯、镭射粉等材料，结合绘画笔、刷子、纸巾、海绵等上色工具，来表现不同画面的晕染效果（图5-27）。色彩搭配较关键，常用深浅、清浊色搭配，常见技法有色彩叠加方法和色彩融合方法。前者在底色上做渐变晕染效果，后者是同时将两个颜色刷在甲面两端，用彩绘笔或刷子在两色衔接处轻刷直至色彩自然过渡。

图5-27　大理石晕染技法　　设计者：李小凤

案例 1　渐变晕染（图 5-28）

图5-28　多色渐变晕染　　设计者：李小凤

1. 物料清单

底胶、封层、甲油胶、魔镜粉等

2. 绘画步骤（图 5-29）

　　第一步：刷上底胶照灯后，纵向涂上三种颜色的甲油胶，此时不照灯。

　　第二步：用干净的笔在两个颜色的衔接处轻轻地从上至下运笔，使颜色自然过渡。注意及时擦干净笔，然后再刷，最后照灯约 60s。

第三步：如果要让颜色饱和度高需要重复第一、第二步骤，再做一次叠加。

第四步：最后再上磨砂封层，并照灯约60s。后用魔镜粉擦出银色镜面。

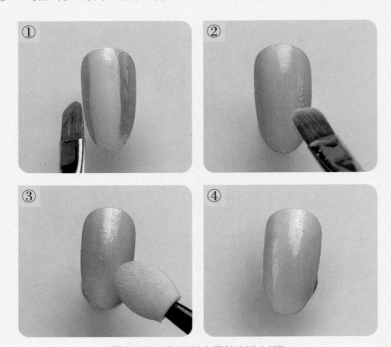

图5-29　多色渐变晕染制作过程

 渐变训练

提取2～3种颜色，实践完成五个甲片为一组的作业。

提取一种颜色，实践完成五个甲片为一组的作业。

案例2　**多彩朱石**（图5-30）

图5-30　多彩朱石　　设计者：李小凤

1. 物料清单

底胶、封层、甲油胶、绘画笔等。

2. 绘画步骤（图5-31）

第一步：刷乳白色与粉色块面晕染，照灯约60s固化。这一步可操作两遍。

第二步：上橘色胶和粉色胶，处理两色交接处使其自然融合，完成后照灯约30s固化。

第三步：蘸取白色胶刷出亮面，亮面的左侧实右侧虚，随后照灯约30s。

第四步：用勾线笔蘸取深色胶，在白色实线部分画深色线条，然后照灯约10s。最后刷上免洗封层后照灯约60s。

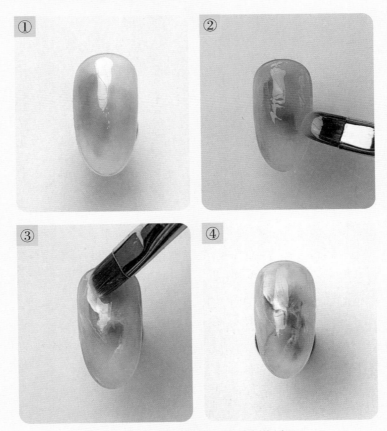

图5-31 多彩朱石甲面晕染制作过程

 石纹晕染训练

提取大理石纹理，创作完成五个甲片为一组的作业。

临摹参考他人作品，完成五个甲片为一组的作业。

△
任务6　玫瑰彩绘

案例　　**粉红玫瑰（图5-32）**

图5-32　粉红玫瑰　　设计者：李小凤

1. 物料清单

底胶、封层、水彩颜料、绘画笔等。

2. 绘画步骤（图5-33）

第一步：刷底色照灯约60s固化，接着用水彩颜料晕出玫瑰花的底色。

第二步：等底色干后，再取颜料加深底色，颜色中间深外围逐渐变浅。

第三步：用勾线笔蘸取深色颜料勾出玫瑰花的结构形态。

第四步：蘸取颜料，加深花瓣的暗面提亮花瓣的亮面，再用绿色颜料勾绘玫瑰花的叶子。最后刷上一层磨砂封层后照灯约60s固化。

玫瑰花可以用水彩颜料表现，也可以用甲油胶绘画，两者的不同在于水彩颜料能够表现出轻透柔和的质感，而甲油胶更容易呈现厚重的画面效果。

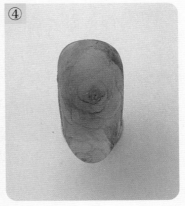

图5-33 粉红玫瑰甲面制作过程

应用实践 **水彩晕染玫瑰花训练**

提取玫瑰花元素，创作完成五个甲片为一组的作业。

临摹参考他人作品，完成五个甲片为一组的作业。

任务7 菊花彩绘

案例 **蓝调菊花（图 5-34）**

图5-34 蓝调菊花   设计者：李小凤

1. 物料清单

底胶、磨砂封层、水彩颜料、甲油胶、绘画笔等。

2. 绘画步骤（图 5-35）

第一步：上蓝色底色两遍，分别照灯约 60s。再上一层磨砂封层，后照灯 60s

图5-35　蓝调菊花甲面制作过程

固化。

　　第二步：蘸取裸粉色甲油胶，从中间向两侧运笔，画出上端的花苞。每一片花苞形态勾勒要清晰，接着逐渐从一侧勾出盛开的底部花瓣。注意每一片花瓣都要归拢于一个中心，可边画边照灯，避免因胶的流动造成花瓣形态模糊。

　　第三步：用高明度的裸粉色画第二层花瓣，不要与底层重叠。勾完后照灯约10s固化。

　　第四步：蘸取水彩颜料，加深花瓣的暗面。

　　第五步：用甲油胶再勾绘叶子，并照灯约10s固化。

　　第六步：用白色胶勾花瓣与叶片，并照灯固化。最后刷一层磨砂封层照灯约60s固化。

应用
实践
　　菊花训练
　　提取菊花元素，创作完成五个甲片为一组的作业。
　　临摹参考他人作品，完成五个甲片为一组的作业。

任务8　牡丹彩绘

案例　福惠牡丹（图5-36）

图5-36　福惠牡丹　　设计者：李小凤

1. 物料清单

底胶、磨砂封层、免洗封层、丙烯颜料、平头绘画笔等。

2. 绘画步骤（图5-37）

第一步：取红色胶打底两遍，各照灯约30s，再刷磨砂封层后照灯60s固化。

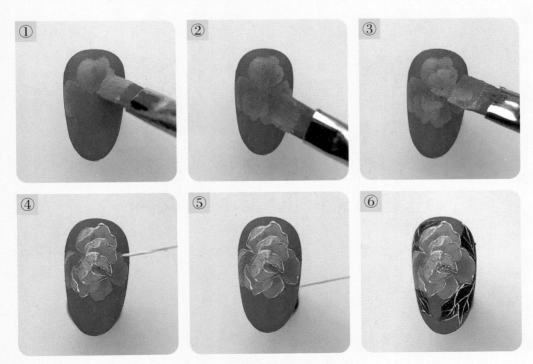

图5-37　福惠牡丹甲面制作过程

用平头笔蘸取白色与红色，并在调色板上自上而下调色。画花瓣时浅色朝外深色朝内，以扇形轨迹从左起笔至右收笔，轻轻转动笔杆。以此方式勾画每一朵花瓣。

第二步：画好第一层五片花瓣以后，待干后再叠加第二层。

第三步：绘画第二层花瓣。注意花瓣要小于第一层，且与第一层错开绘画。

第四步：画出中心花苞片，然后用勾线笔蘸取白色胶，勾勒牡丹花的轮廓边线。

第五步：轮廓勾线要细而生动，尤其要符合花瓣的形态。

第六步：蘸取颜料画花的叶子，并用白色胶勾出叶脉随后照灯固化。等颜色全部干后，再涂上免洗封层，并照灯约 60s 固化。

 排比牡丹彩绘训练

提取牡丹花元素，设计创作完成五个甲片为一组的排比牡丹花彩绘甲作业。

临摹参考他人作品，完成五个甲片为一组的排比牡丹花彩绘甲作业。

视频学习链接

鎏金贝壳

金箔云彩

魔镜青石

粉红玫瑰

蓝调菊花

福惠牡丹

项目 6

美甲创作类型

美甲类型从用途上来分通常有实用类与欣赏类两个大类。实用类的指甲通常被称为沙龙甲，其款式风格多变，有流行性且实用性强。艺术类的指甲通常见于技术展示或美甲竞赛中，有鲜明设计主题、技法应用复杂、技术细腻精湛、有极强的观赏性。

关键词

| 沙龙甲 | 艺术甲 |
| 设计 | 欣赏 |

 分项目1　沙龙甲设计

任务1　魔镜粉表现

　　魔镜粉常被用于线的镶嵌、面的装饰以及图形设计中。常用磨砂封层、大力免洗胶等材料配合完成。

案例1　镜面花开（图6-1）

图6-1　镜面花开　　设计者：李小凤

1. 物料清单

底胶、免洗封层、磨砂封层、白色勾线胶、魔镜粉等。

2. 绘画步骤（图6-2）

第一步：刷磨砂封层照灯固化后，用勾线胶画花，并照灯约60s。

第二步：继续用勾线胶快速勾出花的结构线，并照灯约30s。

图6-2　镜面花开甲面制作过程

第三步：将魔镜粉刷在花形上，直至出现镜面感为止。

第四步：用刷子清理掉残留的魔镜粉。并薄涂一层免洗封层后照灯约60s。

应用实践　**魔镜立体花训练**

结合灵感图提取花的结构，设计创作完成五个甲片为一组的作业。

临摹参考他人作品，完成五个甲片为一组的临摹作业。

案例2　**魔镜舞动（图6-3）**

图6-3　魔镜舞动　　设计者：李小凤

1. 物料清单

底胶、免洗封层、勾线胶、磨砂封层、甲油胶、魔镜粉等。

2. 绘画步骤（图6-4）

第一步：涂两遍底色分别照灯约60s固化，接着刷磨砂封层再照灯约60s。

第二步：用勾线胶快速勾出曲线，线条要流畅，之后照灯约30s固化。

第三步：继续勾画线条，线条要疏密有致。最后照灯约30s固化。

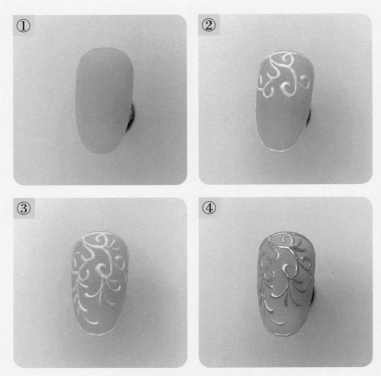

图6-4　魔镜舞动甲面制作过程

第四步：沿着线条上一层魔镜粉，上好后用刷子清掉残留的魔镜粉。用勾线笔蘸取免洗封层顺着线条上一层免洗封层，然后照灯约60s。

应用实践　魔镜立体勾线训练

结合灵感提取图案元素，设计创作完成五个甲片为一组的作业。

临摹参考他人作品，完成五个甲片为一组的临摹作业。

任务2　动物皮质表现

案例1　豹纹趣意（图6-5）

1. 物料清单

底胶、免洗封层、磨砂封层、大力免洗胶、甲油胶、魔镜粉等。

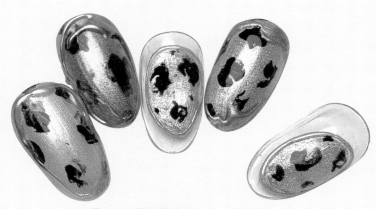

图6-5　豹纹趣意　　设计者：李小凤

2. 绘画步骤（图6-6）

第一步：涂好黑色底色照灯 60s 固化，再擦上魔镜粉擦出镜面效果。接着用散点式构图，画出豹纹的不规则纹理，画好后照灯 30s 固化。

第二步：整甲涂抹磨砂封层，用勾线笔蘸取大力免洗胶，快速勾出周围不规则的轮廓线，并照灯约 60s 固化。沿着线条刷魔镜粉，然后薄涂一层免洗封层，再照灯约 60s 固化。

图6-6　豹纹趣意甲面制作过程

应用实践

豹纹绘制训练

提取豹纹元素，设计创作完成五个甲片为一组的作业。

临摹参考他人作品，完成五个甲片为一组的作业。

案例2　　奶牛闲情（图6-7）

图6-7　奶牛闲情　　设计者：李小凤

1. 物料清单

底胶、免洗封层、磨砂封层、甲油胶、卸妆棉、粘钻胶等。

2. 绘画步骤（图6-8）

第一步：涂好底胶照灯固化，接着薄刷一层粘钻胶，不照灯直接将卸妆棉铺在甲片上，用镊子轻轻按压至其平整，然后照灯约60s固化。

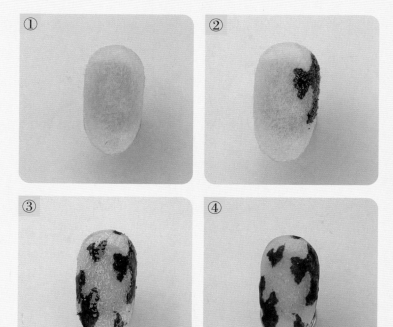

图6-8　奶牛闲情甲面制作过程

第二步：在表面刷一层磨砂封层，然后照灯约 60s。再用咖啡色甲油胶勾出奶牛的纹理，并照灯约 30s 固化。若要增强色彩的对比度，可以再用石膏胶提亮，增强色彩与质感上的对比度。

第三步：继续刻画纹理图案，边画边照灯。

第四步：最后刷一层磨砂封层照灯约 60s 固化。

 奶牛纹绘制训练

提取奶牛纹元素，设计创作完成五个甲片为一组的作业。

临摹参考他人作品，完成五个甲片为一组的作业。

案例3　**蛇纹竞艳（图6-9）**

图6-9　蛇纹竞艳　　设计者：李小凤

1. 物料清单

底胶、免洗封层、甲油胶、勾线胶等。

2. 绘画步骤（图6-10）

第一步：涂两遍底色，分别照灯约 60s 固化。

第二步：用勾线笔勾画菱形网线，然后将网线分割出的块面填充成色块。用勾线笔蘸取浅棕色胶填色，乳白色胶提亮，再用深咖色加深块面。此时可以不照灯。

第三步：用勾线笔蘸取白色勾线胶，局部提亮块面的高光，并勾画菱形格的轮廓线，接着照灯约 60s 固化。最后涂上免洗封层，并照灯约 60s。

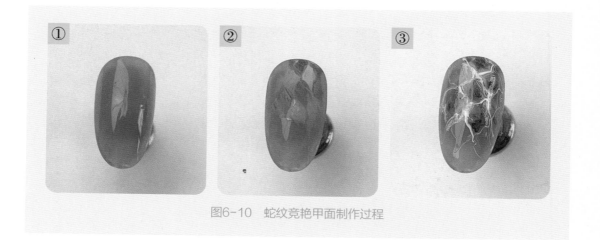

图6-10 蛇纹竞艳甲面制作过程

应用实践

蛇纹绘制训练

提取蛇纹元素，设计创作完成五个甲片为一组的作业。

临摹参考他人作品，完成五个甲片为一组的作业。

案例4 皮革英气（图6-11）

图6-11 皮革英气   设计者：李小凤

1. 物料清单

底胶、免洗封层、大力免洗胶、甲油胶、魔镜粉等。

2. 绘画步骤（图6-12）

第一步：涂两遍黑色底分别照灯约60s固化，接着用魔镜粉上一层金色镜面。

第二步：用大力免洗胶与黑色甲油胶调和，增强黑胶的硬度使其不易流动便于操作。最后将调好的胶平涂在镜面上，此时不照灯。

第三步：用硅胶笔自上而下擦出两道线条露出金色的魔镜底色，此时不照灯。

第四步：继续用硅胶笔擦出不规则线条，使甲面形成不规则凸起的几何块面。

图6-12　皮革英气甲面制作过程

完成后照灯约 60s 固化。

　　第五步：在黑色几何图形部位上一层免洗封层，然后照灯约 60s 固化。

应用实践

皮革纹绘制训练

提取皮革纹元素，设计创作完成五个甲片为一组的作业。

临摹参考他人作品，完成五个甲片为一组的作业。

任务3　毛呢肌理表现

案例 1　毛衣的温度（图 6-13）

1. 物料清单

底胶、免洗封层、磨砂封层、大力免洗胶、甲油胶等。

图6-13 毛衣的温度 设计者：李小凤

2. 绘画步骤（图6-14）

第一步：涂两遍蓝色底色，分别照灯约60s固化，接着上磨砂封层照灯约60s固化。

第二步：用大力免洗胶与蓝色甲油胶调和，增强蓝色胶的硬度使其不易流动。接着用勾线笔画两条直线，随之照灯约10s固化。走波浪形或"S"形勾画毛衣纹理，并填充线条的立体感。最后形成一个"麻花形"图案。均匀填补"麻花形"线条，随后照灯固化。

第三步：继续用蓝色胶勾勒毛衣纹理，勾绘两侧的点并照灯固化。最后可刷上磨砂封层照灯约60s固化。

①

②

③

图6-14 毛衣纹制作流程

应用实践 **毛衣纹绘制训练**

提取毛衣纹元素，设计创作完成五个甲片为一组的作业。

临摹参考他人作品，完成五个甲片为一组的作业。

案例2　格子呢的宽度（图6-15）

图6-15　格子呢的宽度　　设计者：李小凤

1. 物料清单

底胶、磨砂封层、石膏胶、白色勾线胶、甲油胶等。

2. 绘画步骤（图6-16）

第一步：涂一层白色石膏胶打底，尽量把石膏胶涂均匀，然后照灯约60s固化。

第二步：用蓝色、紫色、橘色三种颜色甲油胶刷底色。先用蓝绿色轻拍上色，做出深浅变化。接着用橘色对角铺色，用笔轻轻刷色。将紫色在橘色、蓝绿色处轻拍过渡，在三种色块衔接处做好过渡处理。然后照灯约60s固化。

第三步：用白色勾线胶画出格子的纹理，接着照灯约10s固化。最后可刷上磨砂封层，并照灯约60s固化。

①
②
③

图6-16　格子呢的宽度甲面制作过程

应用
实践
格子呢绘制训练

提取格子呢料肌理特点，设计创作完成五个甲片为一组的作业。

临摹参考他人作品，完成五个甲片为一组的作业。

案例3　粗花呢的低调（图6-17）

图6-17　粗花呢的低调　　设计：李小凤

1. 物料清单

底胶、磨砂封层、粘钻胶、黑色小亮片、白色勾线胶、金色勾线胶等。

2. 绘画步骤（图6-18）

第一步：甲片上涂一层底胶后照灯固化，然后再上一层粘钻胶不照灯，甲面粘贴上足够的亮片并按压平整，完成后照灯约60s固化。

第二步：用白色勾线胶纵横向画出线条，注意线条不要画十字、不能过粗，要彼此错开不要重叠。完成后照灯约10s固化。

第三步：同第二步骤方法，用金色勾线胶纵横向勾绘粗花呢纹理。

第四步：最后薄涂一层封层照灯约60s固化。

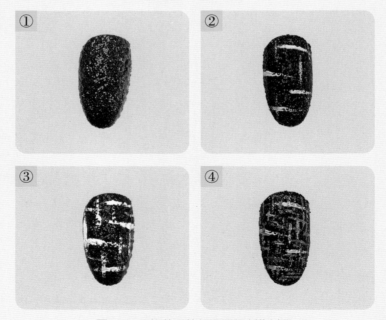

图6-18　粗花呢的低调甲面制作过程

应用 实践	**粗花呢绘制训练** 提取粗花呢料肌理特点，设计创作完成五个甲片为一组的作业。 临摹参考他人作品，完成五个甲片为一组的作业。

任务4　琉璃指甲表现

案例1　琥珀仿真（图6-19）

图6-19　琥珀仿真　　设计者：李小凤

1. 物料清单

底胶、封层、琉璃胶、魔镜粉、大力免洗胶等。

2. 绘画步骤（图6-20）

第一步：以图6-19左起第二个指甲为例，先在甲片上涂一层磨砂封层后照灯约60s固化，然后用大力免洗胶勾出不规则几何形轮廓，接着照灯约30s固化，再用魔镜粉擦亮线条。

第二步：重复第一个步骤，完成图6-19右起第一个指甲的魔镜勾线，然后用黄色琉璃胶打一层底色，照灯约30s固化。若饱和度不够可再上一层琉璃胶，刷上第二层后不照灯。

第三步：用棕红色琉璃胶加深图6-19右起第一个指甲的局部颜色，并与黄色琉璃胶融合，晕出块面和流动的线条纹理，完成纹理后照灯约60s固化，随后上免洗封层后照灯约60s固化。

第四步：结合图6-19右起第一个的制作方法完成该图左起第二个指甲。用黄色琉璃胶打底，照灯固化后，再用棕红色局部勾画流动纹理，完成后照灯约60s固化。最后刷上免洗封层后再照灯约60s固化。

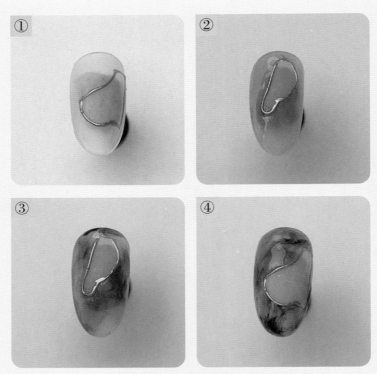

图6-20　琥珀仿真甲面制作过程

应用
实践

琥珀甲绘制训练
提取琥珀肌理特点，设计创作完成五个甲片为一组的作业。
临摹参考他人作品，完成五个甲片为一组的作业。

案例 2　琉璃绎石（图 6-21）

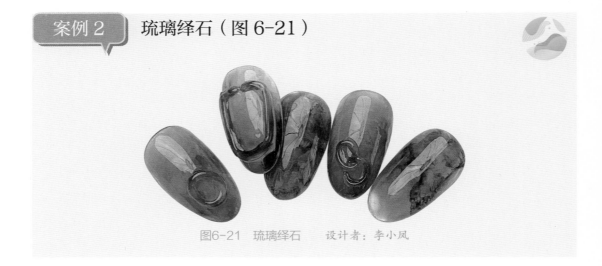

图6-21　琉璃绎石　　设计者：李小凤

1. 物料清单

底胶、封层、琉璃胶、大力免洗胶、晕染液、黑色甲油胶等。

2. 绘画步骤（图6-22）

第一步：甲片上涂上深咖色琉璃胶与乳白色胶。

第二步：用圆头笔晕染两种颜色，使甲面呈现深浅不同的色块，完成后照灯约60s。

第三步：用大力免洗胶勾勒出"U"形，边勾边照灯固化，直到完成立体"U"形塑造。

第四步：用深红色、深咖色、黄色琉璃胶在"U"形上画出深浅层次，使其具有强烈的立体感，边绘画边照灯。最后用大力免洗胶包边处理，照灯约60s固化。完成后整甲刷上免洗封层并照灯约60s。

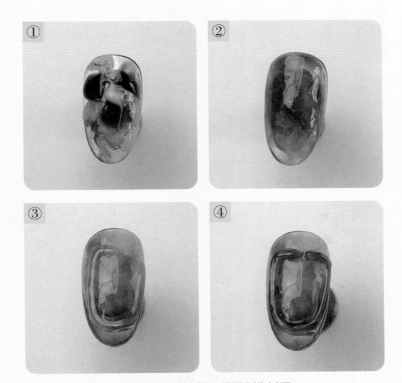

图6-22 琉璃绎石甲面制作过程

 大理石绘制训练

提取大理石肌理特点，设计创作完成五个甲片为一组的作业。

临摹参考他人作品，完成五个甲片为一组的作业。

任务5 | 五瓣花表现

案例 1 朵朵暗香（图6-23）

图6-23 朵朵暗香 设计者：李小凤

1. 物料清单

底胶、封层、白色勾线胶、甲油胶等。

2. 绘画步骤（图6-24）

第一步：先绘出三朵五瓣花，然后照灯约 10s。将花的位置错开，大小可略有变化。

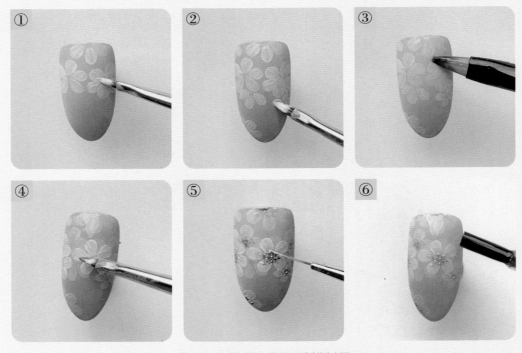

图6-24 朵朵暗香甲面制作过程

第二步：再适当添加几朵五瓣花作为点缀，并照灯约 10s 固化。

第三步：在花的局部覆盖一层浅浅的底色，然后照灯约 30s。

第四步：在甲面的其他位置再画出第二层五瓣花，接着照灯约 10s。

第五步：在花蕊部位上阴影，让其产生立体感，接着再照灯约 10s。

第六步：上免洗封层后照灯 60s。

应用实践　五瓣花绘制训练

设计双层或多层五瓣花，完成五个甲片为一组的作业。

临摹参考他人作品，完成五个甲片为一组的作业。

案例 2　**半樱雅趣**（图 6-25）

图6-25　半樱雅趣　　设计者：李小凤

1. 物料清单

底胶、封层、甲油胶、黑色勾线胶等。

2. 绘画步骤（图 6-26）

第一步：先用浅粉色与乳白色晕染打底，然后照灯约 60s 固化。

① 　② 　③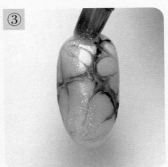

图6-26　半樱雅趣甲面制作过程

第二步：接着再刷一层底胶，不照灯。用勾线笔蘸取深咖色甲油胶，在上下三个角度勾出樱花的轮廓线，线条表现自由流畅，然后照灯约60s固化。

第三步：在花的局部刷白色亮片胶，然后照灯固化。最后再刷封层并照灯60s固化。

应用实践 樱花绘制训练

提取樱花元素，设计创作完成五个甲片为一组的作业。

临摹参考他人作品，完成五个甲片为一组的作业。

案例3 **国风梅花表现**

【案例】云中白梅（图6-27）

图6-27 云中白梅   设计者：李小凤

1. 物料清单

底胶、磨砂封层、甲油胶、白色勾线胶等。

2. 绘画步骤（图6-28）

第一步：先在甲面上用金色打底，接着照灯约60s固化。然后用蓝灰色甲油胶勾画外围的底色，完成后照灯约60s固化。在蓝灰底色上刷一层磨砂封层，再照灯约60s固化。

第二步：用勾线笔蘸取白色甲油胶勾绘梅花，并设计梅花主次关系，然后照灯约30s固化。

第三步：画出梅花的枝干，加深梅花局部色彩，边绘画边照灯固化。

第四步：勾出祥云图案，边勾绘边照灯固化。最后在蓝灰色部位刷上磨砂封层，在金色底色部位刷上免洗封层，然后照灯约60s固化。

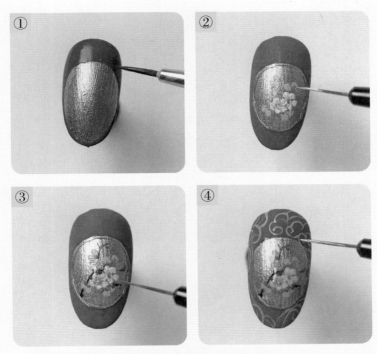

图6-28 云中白梅甲面制作过程

 国风梅花绘制训练

提取梅花图名画作品中的元素，设计创作完成五个甲片为一组的作业。
临摹参考他人作品，完成五个甲片为一组的作业。

 菊花表现

案例 金秋雏菊（图6-29）

图6-29 金秋雏菊 设计者：李小凤

1. 物料清单

底胶、磨砂封层、甲油胶、白色勾线胶等。

2. 绘画步骤（图6-30）

第一步：先在甲面上用米黄色打底，然后照灯约60s固化。

第二步：对角构图，并用橘黄色甲油胶勾出第一层花瓣，然后照灯约30s固化。

第三步：在两片花瓣之间勾勒第二层花瓣，接着照灯固化。然后再勾绘叶子，随之照灯约30s固化。

第四步：用白色勾线胶勾勒第一层、第二层的花瓣轮廓，注意线条勾绘要纤细、自由流畅，随后照灯约10s固化。

第五步：用白色、深棕色甲油胶刻画菊花的花蕊，再照灯约10s固化。最后再刷上免洗磨砂封层，照灯约60s固化。

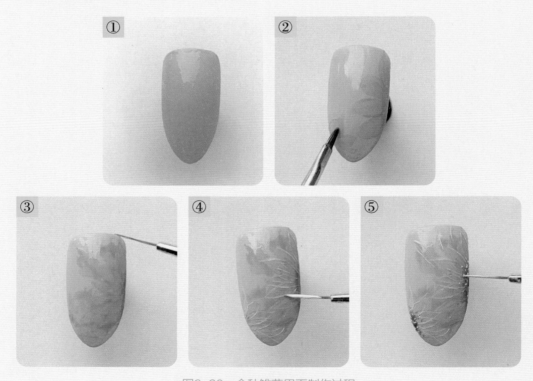

图6-30　金秋雏菊甲面制作过程

 国风菊花绘制训练

提取菊花图名画作品中的元素，设计创作完成五个甲片为一组的作业。

临摹参考他人作品，完成五个甲片为一组的作业。

任务7 国风玉兰表现

案例 清雅玉兰（图6-31）

图6-31 清雅玉兰 设计者：李小凤

1. 物料清单

底胶、封层、甲油胶、黑色勾线胶、水彩颜料等。

2. 绘画步骤（图6-32）

第一步：先在甲面上用蓝绿色打底两遍，分别照灯固化，再刷一层磨砂封层并照灯固化。

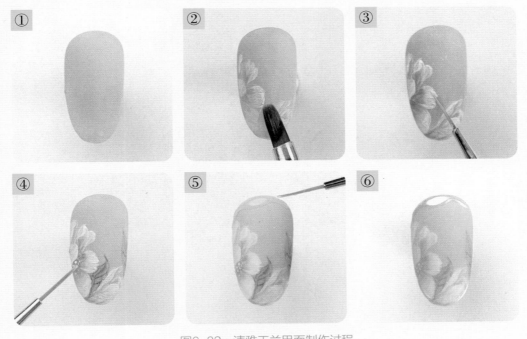

图6-32 清雅玉兰甲面制作过程

第二步：对角构图，用水彩白色颜料分别勾出两朵玉兰花。花瓣上端圆润，根部细窄，外轮廓线勾勒清晰。玉兰花片常见的为九片，在美甲设计中可适当简化。

第三步：用水彩颜料加深中心部位，并用白色勾线胶刻画花瓣轮廓，随后照灯固化。

第四步：用水彩颜料勾绘玉兰花叶片，并用白色甲油胶点画花蕊部分，随之照灯固化。

第五步：用大力免洗胶勾绘边缘，并照灯固化。

第六步：用珠光魔镜粉擦亮边缘，在被魔镜粉擦亮的部位刷上封层后照灯固化。

应用实践　国风玉兰花绘制训练
提取玉兰花图名画作品中的元素，设计创作完成五个甲片为一组的作业。
临摹参考他人作品，完成五个甲片为一组的作业。

任务8　国风仙鹤表现

案例　闲云白鹤（图6-33）

图6-33　闲云白鹤　　设计者：李小凤

1. 物料清单

底胶、封层、甲油胶、金色勾线胶、白色勾线等。

2. 绘画步骤（图6-34）

第一步：先在甲面上用红色打底两遍，然后照灯固化。接着勾画祥云白色底，然后照灯。

第二步：用金色勾线胶画出祥云结构，线条勾勒要纤细顺滑，然后照灯固化。

第三步：绘制另一个甲面，先确定甲面上仙鹤的位置与大小后，用白色勾线胶勾画仙鹤的形态，然后照灯固化。

第四步：用白色勾线胶勾画仙鹤翅膀，随之照灯固化。

第五步：刻画仙鹤的羽毛、颈部、头部，接着照灯固化。最后刷上封层并照灯约60s。

图6-34　闲云白鹤甲面制作过程

应用
实践

国风仙鹤绘制训练
提取仙鹤名画作品中的元素，设计创作完成五个甲片为一组的作业。
临摹参考他人作品，完成五个甲片为一组的作业。

视频学习链接 ....

奶牛闲情

毛衣的温度

格子呢的宽度

云中白梅

清雅玉兰

闲云白鹤

分项目2 | 艺术甲欣赏与制作

任务1 艺术甲类型

1.3D 彩绘艺术甲

彩绘艺术甲通常是在沙龙长甲片上用彩绘笔结合彩绘颜料、甲油胶等材料，平面设计绘画人物、动物、山水、花草等图案，其主题鲜明、绘制精细，有很强的艺术性与欣赏价值，常被用于技能竞赛与技术展示中（图6-35）。

2.3D 浮雕艺术甲

3D 浮雕艺术甲通常是用雕花胶、水晶粉等来进行塑造，有内外浮雕表现方式。常用人物、花卉、动物的形态来塑造主题，雕塑的物体形态立体、轮廓清晰、厚薄适中。浮雕作品凸出甲面的高度不超过5mm（图6-36～图6-39）。

图6-35 丙烯彩绘艺术甲：
中式古典人物主题 设计者：李小凤

图6-36 水晶浮雕艺术甲：
玫瑰花主题 设计者：李小凤

图6-37 水晶浮雕艺术甲：
百合花主题 设计者：李小凤

图6-38　水晶浮雕艺术甲：人物主题

设计者：李小凤

图6-39　水晶浮雕艺术甲：动物主题

设计者：李小凤

3. 3D 立雕艺术甲

3D 立雕艺术甲主题鲜明，常见的有硅胶手模展示、背景烘托、真人展示等形式，是用美甲材料与装饰材料综合应用制作而成（图 6-40 ~ 图 6-48）。美甲材料常会用到的有甲油胶、颜料、甲片、水晶材料等，装饰材料如水晶钻饰、绢花等。

图6-40　3D立雕艺术甲：人物主题　　设计者：李小凤

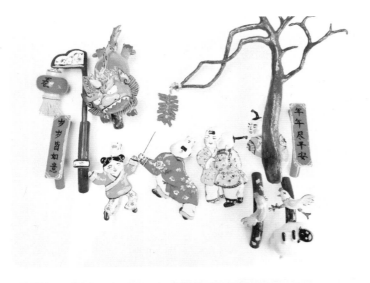

图6-41 学生毕业设计作品：
中国年 指导：李小凤

图6-42 学生毕业设计作品：
瓷钟 指导：李小凤

图6-43 学生毕业设计作品：
京戏之谜 指导：李小凤

图6-44　学生毕业设计作品：羊族音乐会　　指导：李小凤

图6-45　学生课程作品1　　指导：李小凤

图6-46　学生课程作品2　　指导：李小凤

图6-47　学生毕业设计作品：老鼠迎亲

图6-48　学生毕业设计作品：羞花闭月

任务2　3D创意甲制作

案例　三月三　放纸鸢

1. 灵感构思

三月三　放纸鸢主题创意甲的灵感来源于青花瓷、龙凤与鹦鹉图案、国画及年画作品，表达"三月三"放风筝的指尖意境。

2. 物料清单

沙龙甲片、胶水、水晶粉、水晶液、锡纸、丙烯颜料、打磨工具等。

3. 部分甲片和装饰部件的制作与绘画步骤

① 灵感来源图。

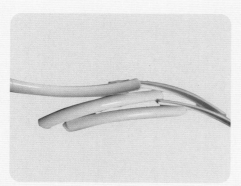

② 用甲片拼合出圆弧的形状，两个甲片紧贴一起进行组合。

③ 用水晶粉铺平甲片的凹陷处，等水晶粉全干以后，用打磨条或者打磨机，磨平表面使其光滑平整。

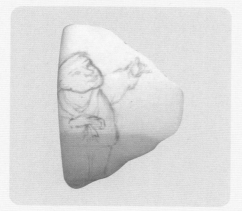

④ 在甲片上画人物草图，用水晶粉扑出身体的立体起伏，等水晶粉全干后画上人物的结构图案，进一步勾勒人物轮廓与细节。

⑤ 在画好的人物草稿上进一步刻画服饰，并勾勒出人物的形态。

⑥ 用颜料勾画出人物的五官，用细鱼线连接指甲和事先准备好的云朵装饰，并在甲片上装饰上钻，之后进行雕花装饰，最后上亮油或封层。

⑦ 先用锡纸捏出鹦鹉的身体主体轮廓形状，再用水晶粉铺出翅膀的形状，打磨鹦鹉的表面，直至光滑后画上丙烯颜料。

⑧ 根据草图拟定的色彩上色，晕出鹦鹉渐变的皮肤色彩。对鹦鹉的五官和羽毛进行细画。

⑨ 用锡纸捏出风筝的形，并用水晶粉铺满打磨光滑，接着画上龙凤图案，并加上边角的纹理，用丙烯颜料刻画风筝的每个细节，在翅膀上添上牡丹花图案让风筝更加细腻精致。

⑩ 画上龙凤的五官并勾勒出每个小细节，加上边角的云纹，使其传统风格更为突出。上好颜色后装饰亮钻，涂上亮油并将其封层。用铁丝把风筝固定在指甲上，一个主体物就完成了。

图6-49　三月三 放纸鸢
主题创意甲

设计者：李小凤　李梦妮

 参考文献

［1］权泰一，金冰青．韩国专业美甲造型标准教程［M］．北京：人民邮电出版社，2015．

［2］人力资源和社会保障部教材办公室．美甲师［M］．北京：中国劳动社会保障出版社，2017．

［3］人力资源和社会保障部教材办公室，中国就业培训技术指导中学上海分中心，上海市职业技能鉴定中心．"1+X"美甲师职业资格培训教材［M］．北京：中国劳动社会保障出版社，2014．